CÉREBRO

David Eagleman

CÉREBRO
Uma biografia

Tradução de Ryta Vinagre

Título original
THE BRAIN: The Story of You

Primeira publicação na Grã-Bretanha em 2015 por
Canongate Books Ltd, 14 High Street, Edinburgh EH1 1TE.

Copyright © David Eagleman, 2015.

O direito moral do autor foi assegurado.

Edição brasileira publicada mediante acordo com
Canongate Books Ltd, 14 High Street, Edinburgh EHI ITE.

Créditos das imagens
p. 16 © Corel, J. L.; p. 47 © Akiyoshi Kitaoka; p. 48 © Edward Adelson, 1995;
p. 60 © Blink Films, 2015; p. 67 © Science Museum/Science & Society Picture Library;
p. 70 © Springer; p. 80 © David Eagleman; p. 96 © CanStockPhoto; p. 161 © Fritz
Heider e Marianne Simmel, 1944; p. 168 © Simon Baron-Cohen et al.; p. 174 © 5W
Infographics; p. 195 © David Eagleman; p. 201 © Bret Hartman/TED.
Imagens das páginas 54, 100, 126-127, 213 e 217 © Ciléin Kearns.
Imagens das páginas 128, 129, 140, 148 e 183 © Dragonfly Media.
As imagens das páginas 43, 90, 120 e 230 estão em domínio público.

Direitos para a língua portuguesa reservados
com exclusividade para o Brasil à
EDITORA ROCCO LTDA.
Rua Evaristo da Veiga, 65 – 11º andar
Passeio Corporate – Torre 1
20031-040 – Rio de Janeiro – RJ
Tel.: (21) 3525-2000 – Fax: (21) 3525-2001
rocco@rocco.com.br/www.rocco.com.br

Printed in Brazil/Impresso no Brasil

Preparação de originais
SARAH OLIVEIRA

Coordenação da coleção
BRUNO FIUZA

Imagem de capa:
SHUTTERSTOCK | Anita Ponne

CIP-Brasil. Catalogação na fonte.
Sindicato Nacional dos Editores de Livros, RJ.

E11c Eagleman, David
      Cérebro: uma biografia / David Eagleman; coordenação de Bruno Fiuza;
      tradução de Ryta Vinagre. – 1ª ed. – Rio de Janeiro: Rocco, 2017.
      (Origem)

      Tradução de: The brain: the story of you.
      ISBN 978-85-325-3075-2 (brochura)
      ISBN 978-85-8122-703-0 (e-book)

      1. Neurociências. 2. Cérebro. I. Fiuza, Bruno. II. Vinagre, Ryta.
      III. Título. IV. Série.

                                                    CDD–612.82
17-42892   CDU–612.82

Sumário

	Introdução	7
1	Quem sou eu?	9
2	O que é a realidade?	45
3	Quem está no controle?	85
4	Como eu decido?	117
5	Eu preciso de você?	157
6	Quem vamos nos tornar?	189
	Agradecimentos	237
	Notas	239
	Glossário	253

Introdução

Como a ciência do cérebro é um campo em evolução acelerada, é raro darmos alguns passos para trás a fim de ver a extensão do terreno, procurar entender o que nossos estudos significam para nossas vidas, discutir de forma simples e direta o que representa ser uma criatura biológica. Este livro se propõe a fazer isto.

A ciência do cérebro é importante. O estranho tecido computacional em nosso crânio é o mecanismo perceptivo com o qual percorremos o mundo, a matéria da qual surgem as decisões, o material de que é forjada a imaginação. Nossos sonhos e nossa vida em estado desperto emergem de seus bilhões de células velozes. Uma compreensão melhor do cérebro esclarece o que consideramos real em nossas relações pessoais e o que sabemos ser necessário na política social: como lutamos, por que amamos, o que aceitamos como verdadeiro, como devemos educar, como podemos elaborar melhores políticas sociais e como projetar nossos corpos pelos séculos que estão por vir. Nos circuitos microscopicamente pequenos do cérebro, estão gravados a história e o futuro de nossa espécie.

Em vista do caráter central do cérebro na vida, eu costumava me perguntar por que a sociedade trata tão pouco sobre o tema, preferindo, em vez disso, falar sobre fofocas de celebridades e *reality shows*. Mas agora creio que esta falta de atenção ao cérebro não pode ser considerada um defeito, mas uma pista: estamos tão aprisionados à realidade, que é muito complicado perceber que estamos presos a qualquer coisa. À primeira vista, parece que não há nada do que falar. É claro que as cores existem no mundo. É claro que minha memória parece uma câmera de vídeo. É claro que conheço os verdadeiros motivos para acreditar no que acredito.

As páginas deste livro colocarão todas as nossas suposições sob escrutínio. Ao escrevê-lo, eu quis me afastar do modelo didático para atingir um nível esclarecedor e mais profundo de investigação: como tomamos decisões, como percebemos a realidade, quem somos, como conduzimos nossas vidas, por que precisamos dos outros e para onde vamos como uma espécie que mal começou a segurar as próprias rédeas. Este projeto tenta estabelecer uma ligação entre a literatura acadêmica e nossas vidas enquanto donos de um cérebro. Minha abordagem neste livro diverge dos artigos acadêmicos que escrevo e até de outros títulos meus sobre neurociência. Este projeto pretende atingir um público diferente. Ele não pressupõe nenhum conhecimento especializado, apenas curiosidade e apetite por explorar a si mesmo.

Assim, aperte o cinto para uma viagem com breves escalas pelo nosso cosmo interior. No infinitamente denso emaranhado de bilhões de células encefálicas e seus trilhões de conexões, espero que você consiga piscar e perceber que viu algo inesperado ali: você mesmo.

1

QUEM SOU EU?

Todas as experiências em sua vida, de uma simples conversa a toda a sua cultura, moldam os detalhes microscópicos de seu cérebro. Do ponto de vista neural, quem você é depende de onde você esteve. Seu cérebro muda incansavelmente, reescreve de modo constante os próprios circuitos – e, como as experiências que você tem são únicas, os padrões vastos e detalhados de suas redes neurais são igualmente singulares. Como essas redes mudam incessantemente por toda a sua vida, a sua identidade é um alvo móvel, que jamais atinge um ponto final.

Embora a neurociência faça parte de minha rotina, ainda fico assombrado sempre que seguro um cérebro humano. Depois de levarmos em conta seu peso substancial (um cérebro adulto pesa menos de 1,5 quilo, a estranha consistência (parece uma gelatina firme) e sua aparência enrugada (como vales profundos entalhados em uma paisagem inchada), o que impressiona é o mero caráter físico do cérebro. Este pedaço desinteressante de matéria parece estar em desacordo com o processo mental que cria.

Nossos pensamentos, nossos sonhos, nossas lembranças e experiências surgem desta estranha matéria neural. Quem nós somos encontra-se no interior de seus complexos padrões de descarga de pulsos eletroquímicos. Quando essa atividade cessa, você também para. Quando a atividade tem seu caráter alterado, seja por uma lesão ou pelo uso de drogas, o seu caráter também muda. Ao contrário de qualquer outra parte do corpo, se um pequeno pedaço do cérebro é danificado, é provável que você também mude radicalmente. Para compreender como isso é possível, vamos começar pelo princípio.

NASCIDO INACABADO

Quando nascemos, nós, seres humanos, somos indefesos. Passamos cerca de um ano incapazes de caminhar, outros dois, sem conseguir articular pensamentos completos, e muitos outros anos, incapazes de nos defender sozinhos. Para sobreviver, somos completamente dependentes daqueles que nos cercam. Agora, compare isso com a vida de muitos outros mamíferos. Os golfinhos, por exemplo, já nascem nadando. As girafas aprendem a ficar de pé em questão de horas. Um filhote de zebra já consegue correr 45 minutos depois de vir ao mundo. Em todo o reino animal, nossos primos são incrivelmente independentes logo depois de nascer.

Diante desses fatos, esta parece ser uma grande vantagem para outras espécies – mas, na realidade, significa uma limitação. Os filhotes de animais desenvolvem-se rapidamente porque seu cérebro está conectado de acordo com uma rotina em larga medida pré-programada. Mas o que se ganha em prontidão se perde em flexibilidade. Imagine se um rinoceronte azarado se vê na tundra do Ártico, no alto de uma montanha do Himalaia ou no meio da Tóquio urbana. Ele não teria capacidade de se adaptar (e é por isso que não encontramos rinocerontes nessas regiões). A estratégia de chegar ao mundo com um cérebro preordenado funciona em um determinado nicho do ecossistema – mas retire o animal desse nicho e suas chances de prosperar serão baixas.

Já o homem é capaz de prosperar em muitos ambientes diferentes, da tundra congelada às altas montanhas e aos movimentados centros urbanos. Isso é possível porque o cérebro humano nasce extraordinariamente inacabado. Em vez de chegar com tudo conectado, como se fosse, digamos, um "circuito rígido", o cérebro humano se permite ser moldado pelas particularidades da experiência cotidiana. Isso leva a longos períodos de impotência, à medida que o jovem cérebro aos poucos se adapta ao ambiente. Ele tem um "circuito vivo".

DESBASTE DA INFÂNCIA: ENCONTRANDO A ESTÁTUA NO BLOCO DE MÁRMORE

Qual é o segredo por trás da flexibilidade de cérebros jovens? Não se trata de novas células em crescimento – na realidade, o número de células encefálicas é o mesmo na infância e na idade adulta. O segredo está em como estas células são conectadas.

No nascimento, os neurônios de um bebê são discrepantes e desconectados e, nos primeiros dois anos de vida, começam a se conectar com extrema rapidez à medida que recebem informação sensorial. Cerca de 2 milhões de conexões novas, ou sinapses, são formadas a cada segundo no cérebro de um bebê. Aos dois anos, uma criança tem mais de 100 trilhões de sinapses, número que dobra na idade adulta.

Este é o auge, e os neurônios têm muito mais conexões do que o necessário. A essa altura, a produção de novas

CIRCUITO VIVO

Muitos animais nascem geneticamente pré-programados, ou com um "circuito rígido" para determinados instintos e comportamentos. Os genes norteiam a construção de seus corpos e cérebros de formas específicas, definindo o que eles serão e como vão se comportar. O reflexo de uma mosca para escapar na presença de uma sombra que passa; o instinto pré-programado de um sabiá para voar para o sul no inverno; o desejo de hibernar de um urso; o impulso de um cachorro de proteger seu dono: todos são exemplos de instintos e comportamentos de circuito rígido. O circuito rígido permite que estas criaturas se locomovam como os pais desde o nascimento e, em alguns casos, se alimentem sozinhas e sobrevivam de forma independente.

Na espécie humana, a situação é um tanto diferente. O cérebro humano chega ao mundo com certo nível de estruturação genética (por exemplo, para respirar, chorar, sugar, se afeiçoar a rostos e ter a capacidade de aprender os detalhes de sua língua natal). Porém, se comparado com o resto do reino animal, o cérebro humano é extraordinariamente incompleto na hora do nascimento. O diagrama detalhado dos circuitos do cérebro humano não é pré-programado. Em vez disso, os genes dão orientações muito genéricas para os projetos das redes neurais e a experiência no mundo sintoniza os demais circuitos, permitindo que o cérebro se adapte às circunstâncias locais.

A capacidade do cérebro humano de se moldar ao mundo em que nasceu permitiu que nossa espécie dominasse todo o ecossistema do planeta e começasse nosso movimento para o sistema solar.

conexões é suplantada por uma estratégia de "desbaste" neural. À medida que você amadurece, 50% de suas sinapses serão cortadas.

Quais sinapses ficam e quais são perdidas? Quando uma sinapse de sucesso participa de um circuito, ela é fortalecida; já as sinapses enfraquecem quando não são úteis, e por fim são eliminadas. Como trilhas numa floresta, você perde as ligações que não utiliza.

Em certo sentido, o processo de se tornar quem é você é definido pela reafirmação das possibilidades que já estavam presentes. Você se torna quem é não pelo que cresce em seu cérebro, mas pelo que é eliminado.

Por toda nossa infância, nosso ambiente refina o cérebro, tomando uma selva de possibilidades e dando-lhe forma para que corresponda àquilo a que fomos expostos. Nosso cérebro forma menos conexões, porém mais fortes.

★ ★ ★

Por exemplo, o idioma a que você é exposto na infância (digamos que seja o inglês, não o japonês) refina sua capacidade de ouvir os sons específicos de sua língua e piora a capacidade de ouvir os sons de outros idiomas. Isso significa que um bebê que nasce no Japão e outro que nasce nos EUA podem ouvir e reagir a todos os sons em ambas as línguas. Com o passar do tempo, o bebê criado no Japão perderá a capacidade de distinguir, digamos, entre os sons do R e do L, que não são diferenciados no japonês. Somos esculpidos pelo mundo em que por acaso vivemos.

DAVID EAGLEMAN

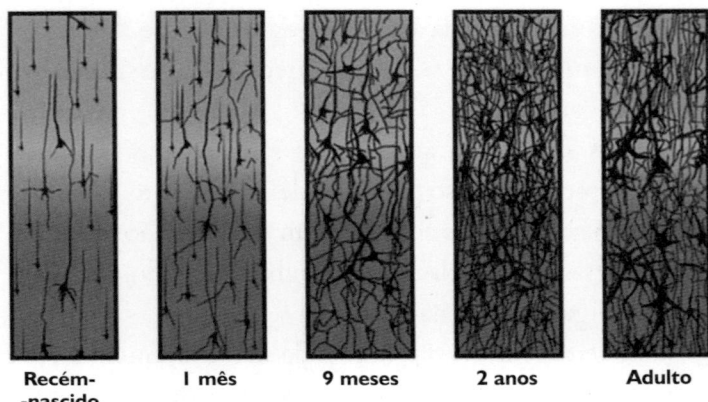

| Recém--nascido | 1 mês | 9 meses | 2 anos | Adulto |

No cérebro de um recém-nascido, os neurônios são relativamente desconectados uns dos outros. Nos primeiros dois ou três anos, as ramificações crescem e as células ficam cada vez mais conectadas. Depois disso, as conexões são desbastadas, tendo seu número reduzido e fortalecido na idade adulta.

O JOGO DA NATUREZA

Em nossa infância prolongada, o cérebro corta continuamente suas ligações, moldando-se às particularidades do ambiente. Esta é uma estratégia inteligente para combinar um cérebro com seu ambiente, mas também tem seus riscos.

Se o cérebro em desenvolvimento não está em um ambiente adequado e "esperado" – um ambiente em que uma criança seja alimentada e receba cuidados –, ele enfrenta dificuldades para se desenvolver normalmente. É algo que a família Jensen, de Wisconsin, viveu na própria pele. Carol e Bill Jensen adotaram Tom, John e Victoria quando as crianças tinham quatro anos. As três eram órfãs que suportaram condições pavorosas em orfanatos estatais na Romênia até a adoção – e sofreram consequências no desenvolvimento cerebral.

Quando os Jensen escolheram as crianças e pegaram um táxi para sair da Romênia, Carol pediu ao taxista para traduzir o que elas diziam. O motorista explicou que não dava para entender aquele falatório porque não era uma língua conhecida. Famintas de interação normal, as crianças desenvolveram um dialeto estranho. Conforme cresceram, tiveram de lidar com dificuldades de aprendizado e com as cicatrizes das privações que sofreram na infância.

Tom, John e Victoria não se lembram muito dos tempos da Romênia. Porém, alguém que se lembra nitidamente dessas instituições é o doutor Charles Nelson, professor de pediatria no Hospital Infantil de Boston. Ele as visitou pela primeira vez em 1999 e ficou apavorado com o que viu. Crianças eram mantidas nos berços, sem nenhum estímulo sensorial. Havia uma só pessoa para cuidar de 15 crianças e os trabalhadores eram instruídos a não as pegar no colo nem demonstrar nenhuma forma de afeto, mesmo quando elas choravam – a preocupação era que os gestos de carinho levassem as crianças a querer mais, o que era impossível para uma equipe tão limitada. Nesse contexto, as coisas eram reguladas ao máximo. As crianças faziam fila, segurando penicos de plástico para fazer suas necessidades. Todos tinham o mesmo corte de cabelo, independentemente do gênero. Vestiam-se de forma semelhante, alimentavam-se em horários determinados. Tudo era mecanizado.

As crianças que choravam não recebiam atenção até que aprendessem a não repetir essa ação. Não eram abraçadas e ninguém brincava com elas. Embora tivessem suas necessidades básicas atendidas (eram alimentadas, banhadas e vestidas), os bebês eram privados de cuidados emocionais, apoio e qualquer estímulo emocional. Por conseguinte, desenvolveram "afabilidade indiscriminada". Nelson afirma ter entrado em um quarto onde foi cercado por crianças pequenas, que jamais havia visto, e elas queriam abraçá-lo, sentar em seu colo, segurar sua mão ou sair dali com ele. Embora esse tipo de comportamento indiscriminado pareça meigo à primeira vista, é uma estratégia que crianças negligenciadas usam para lidar com essa situação e está ligada a problemas de apego a longo prazo. Trata-se de um comportamento característico de crianças que cresceram em um orfanato.

Abalados com as condições que testemunharam, Nelson e sua equipe criaram o Programa de Intervenção Precoce em Bucareste.

O grupo avaliou 136 crianças, com idades entre os seis meses e os três anos, que viviam nessas instituições desde o nascimento. Primeiro, ficou evidente que elas tinham um QI na casa dos 60 e 70, quando a média é de 100. Mostravam sinais de subdesenvolvimento cerebral e sua linguagem era muito atrasada. Quando usou eletroencefalografia (EEG) para medir a atividade elétrica no cérebro dessas crianças, Nelson descobriu que elas tinham a atividade neural drasticamente reduzida.

ORFANATOS ROMENOS

Em 1966, para aumentar a população e a força de trabalho, o presidente romeno Nicolae Ceausescu proibiu a contracepção e o aborto. Ginecologistas do Estado, conhecidos como a "polícia da menstruação", examinavam mulheres em idade reprodutiva para garantir que elas produzissem prole o suficiente. Era cobrado um "imposto sobre o celibato" das famílias que tinham menos de cinco filhos. A taxa de natalidade foi estratosférica.

Muitas famílias pobres não podiam cuidar dos filhos e os entregavam a instituições administradas pelo Estado. O Estado, por sua vez, fundou mais instituições para atender à demanda crescente. Em 1989, quanto Ceaucescu foi deposto, 170 mil crianças abandonadas moravam em orfanatos.

Os cientistas logo revelaram as consequências que o cérebro de alguém que tinha sido criado pelo Estado sofria. E esses estudos influenciaram a política do governo. Com o passar dos anos, a maioria dos órfãos romenos foi devolvida aos pais ou transferida para orfanatos governamentais. Em 2005, a Romênia criminalizou a entrega de crianças a orfanatos antes dos dois anos de idade, a não ser que fossem gravemente incapacitadas.

Milhões de órfãos de todo o mundo ainda vivem em orfanatos institucionais. Em vista da necessidade de um ambiente estimulante para o desenvolvimento do cérebro de uma criança, é imperativo que os governos encontrem meios de dar a elas condições que permitam o desenvolvimento encefálico adequado.

Sem um ambiente com cuidados emocionais e estímulos cognitivos, o cérebro humano não pode se desenvolver normalmente.

O que serve de estímulo é que o estudo de Nelson também revelou um importante outro lado dessa moeda: em geral, o cérebro consegue se recuperar, em graus variados, depois que as crianças passam a viver em um ambiente seguro e amoroso. Quanto menos idade a criança tem durante a transferência, melhor é sua recuperação. Aquelas que são transferidas para lares adotivos antes dos dois anos costumam se recuperar bem. Depois, elas apresentam melhoras, porém, dependendo da idade, ficam com problemas de desenvolvimento em diferentes níveis.

Os resultados obtidos por Nelson destacam o papel fundamental de um ambiente amoroso e estimulante para o desenvolvimento do cérebro infantil. E isso ilustra a profunda importância do ambiente na formação de quem nos tornamos. Somos extraordinariamente sensíveis ao que nos cerca. Graças à estratégia de voo no piloto automático adotada pelo o cérebro humano, quem somos depende muito dos locais por onde passamos.

A ADOLESCÊNCIA

Há algumas poucas décadas, pensava-se que a maior parte do desenvolvimento do cérebro estava concluída perto do fim da infância. Mas agora sabemos que o processo de construção de um cérebro humano leva até 25 anos. Os anos da adolescência são um período de tanta importância na reorganização neural e de mudanças, que afetam drasticamente quem aparentamos ser. Os hormônios que correm pelo corpo provocam alterações físicas evidentes à medida que assumimos a aparência de adultos – mas, de maneira oculta, o cérebro passa por mudanças igualmente monumentais. Estas mudanças interferem profundamente em nosso comportamento e na reação ao mundo que nos cerca.

Uma dessas mudanças tem relação com um senso emergente de identidade – e, com ele, a autoconsciência.

Para entender o funcionamento do cérebro adolescente, realizamos um experimento simples. Com a ajuda de meu aluno de pós-graduação Ricky Savjani, pedimos a voluntários que se sentassem em um banco na vitrine de uma loja. Depois, abrimos a cortina e expusemos o voluntário olhando para o mundo e sendo encarado por quem passava.

Antes de mandá-los para essa situação socialmente constrangedora, equipamos cada voluntário de modo que pudéssemos medir sua reação emocional. Nós os conectamos a um dispositivo que mede a resposta galvânica da pele (RGP), um substituto útil para a ansiedade: quanto mais as glândulas sudoríparas se abrirem, maior será a condutância da pele (a propósito, esta é a mesma tecnologia usada em um detector de mentiras ou teste de polígrafo).

Adultos e adolescentes participaram do nosso experimento. Nos adultos, observamos uma resposta de estresse por serem observados por estranhos, exatamente como esperávamos. Porém, nos adolescentes, este mesmo experimento provocou uma intensa atividade das emoções so-

ESCULPINDO O CÉREBRO ADOLESCENTE

Depois da infância, pouco antes do início da puberdade, há um segundo período de produção em excesso: do córtex pré-frontal brotam novas células e novas conexões (sinapses), criando assim novas vias para a modelagem. A sobra é seguida por aproximadamente uma década de desbastes: por toda a adolescência, as conexões mais fracas são aparadas, enquanto as mais fortes são reforçadas. Como resultado do desbaste, o volume do córtex pré-frontal é reduzido em cerca de 1% ao ano durante a adolescência. A formação de circuitos nesse período da vida prepara o indivíduo para as lições que aprendemos no caminho para nos tornarmos adultos.

Como essas enormes mudanças acontecem em áreas cerebrais necessárias a um raciocínio superior e ao controle de impulsos, a adolescência é uma época de acentuada mudança cognitiva. O córtex pré-frontal dorsolateral, importante no controle dos impulsos, está entre as regiões de amadurecimento mais atrasadas, chegando ao estado adulto apenas quando o indivíduo completa vinte anos. Bem antes de os neurocientistas entenderem os detalhes, as seguradoras de automóveis perceberam as consequências do amadurecimento incompleto do cérebro — e, assim, cobram mais caro de motoristas adolescentes. Da mesma forma, o sistema judiciário há muito tem essa intuição, e os delinquentes juvenis são tratados de forma diferente em relação aos adultos.

ciais: os adolescentes ficaram muito mais ansiosos – alguns chegaram a tremer – enquanto eram olhados.

Por que a diferença entre adultos e adolescentes? A resposta envolve uma área do cérebro chamada córtex pré-frontal medial (CPFM). Esta região torna-se ativa quando você pensa em si mesmo e, em particular, no significado emocional de certa situação para seu ser. A doutora Leah Somerville e seus colegas da Universidade Harvard descobriram que, à medida que uma pessoa sai da infância para a adolescência, o CPFM torna-se mais ativo em situações sociais, chegando ao auge por volta dos 15 anos. A essa altura, as situações sociais têm muito peso emocional, resultando em uma resposta de estresse autoconsciente de alta intensidade. Ou seja, na adolescência, pensar em si mesmo – a chamada "avaliação de si" – tem alta prioridade. Já um cérebro adulto se acostumou ao senso de si, como se tivesse se acostumado a um novo par de sapatos. Desse modo, um adulto não se importa muito de ficar sentado em uma vitrine.

Além do constrangimento social e da hipersensibilidade emocional, o cérebro adolescente é formado para assumir riscos. Seja dirigindo em alta velocidade ou enviando fotos de nus pelo celular, os comportamentos arriscados são mais tentadores para o cérebro adolescente do que para o adulto. Grande parte disso tem relação com nossa resposta a recompensas e incentivos. Conforme passamos da infância para a adolescência, o cérebro mostra uma reação crescente a recompensas em áreas relacionadas com a busca pelo prazer (uma delas se chama núcleo accumbens). Na adolescência, a atividade aqui é tão alta quanto na idade adulta. Mas temos um fato importante: a atividade no córtex orbitofrontal, envolvido na tomada de decisão executiva, na atenção e na simulação de consequências futuras, é a mesma na adolescência e na infância. Graças ao sistema maduro de busca pelo prazer combinado com o córtex orbitofrontal imaturo, o adolescente não só é emocionalmente hipersensível como também tem menos capacidade de controlar suas emoções do que os adultos.

Além disso, Somerville e sua equipe têm uma ideia da razão pela qual a pressão dos colegas instiga de maneira tão incisiva o comportamento em adolescentes: as áreas envolvidas nas considerações sociais (como o CPFM) são mais fortemente combinadas com outras regiões do cérebro que traduzem motivações em ações (o corpo estriado e sua rede de conexões). Isso, sugerem eles, pode explicar por que os adolescentes ficam mais dispostos a correr riscos quando os amigos estão presentes.

A forma como vemos o mundo quando somos adolescentes é consequência de um cérebro em transformação que segue seu cronograma. Essas mudanças nos levam a ter mais autoconsciência, a correr mais riscos e nos tornam mais dispostos a assumir um comportamento motivado pelos colegas. Temos uma mensagem importante para pais frustrados do mundo todo: na adolescência, quem somos não é simplesmente o resultado de uma decisão ou de uma atitude, é o produto de um período de mudanças neurais intensas e inevitáveis.

PLASTICIDADE NA IDADE ADULTA

Quando chegamos aos 25 anos, as transformações cerebrais da infância e da adolescência finalmente acabaram. As mudanças tectônicas em nossa identidade e personalidade cessam e agora nosso cérebro parece estar plenamente desenvolvido. É de se pensar que, na idade adulta, não haverá mais mudanças em quem somos, mas não é bem assim: mesmo nessa fase, o cérebro continua a mudar. Podemos descrever como "plástico" algo que pode ser moldado e que pode sustentar uma forma. O mesmo acontece com o cérebro, até na idade adulta: ele é alterado pela experiência e a retém.

Para entender melhor como essas mudanças físicas podem ser impressionantes, considere o cérebro de um determinado grupo de homens e mulheres que trabalham em Londres: os motoristas de táxi. Eles passam por quatro anos de treinamento intensivo para ser aprovados no exame "Conhecimento de Londres", uma das proezas de memória mais difíceis da sociedade. O teste exige que os aspirantes a taxista memorizem as extensas vias de Londres, em todas as suas combinações e permutações. A tarefa é bastante difícil: o exame cobre 320 rotas diferentes pela cidade, 25 mil ruas e 20 mil pontos de referência e de interesse – hotéis, teatros, restaurantes, embaixadas, delegacias, instalações esportivas e qualquer lugar para onde o passageiro queira ir. Os alunos costumam passar de três a quatro horas por dia recitando percursos teóricos.

Os desafios mentais singulares do "Conhecimento de Londres" despertaram o interesse de um grupo de neurocientistas da University College London, que escanearam o cérebro de vários motoristas de táxi. Os cientistas estavam especialmente interessados em uma pequena área do cérebro chamada hipocampo, que é fundamental para a memória e, em particular, para a memória espacial.

Os cientistas descobriram diferenças visíveis nos cérebros dos taxistas: a parte posterior do hipocampo dos motoristas era maior do que a das pessoas do grupo de controle – razão pela qual a memória espacial deles era elevada, presume-se. Os pesquisadores também descobriram que, quanto mais tempo de trabalho tinha o taxista, maior era a alteração naquela região cerebral, o que sugere que o resultado não apenas refletia uma condição preexistente das pessoas que entravam na profissão, mas era resultado da prática.

O estudo dos taxistas demonstra que o cérebro adulto não é imutável: ele pode se reconfigurar de tal modo, que a mudança fica evidente para especialistas.

Não é apenas o cérebro dos taxistas que se remodela. Quando um dos cérebros mais famosos do século XX, o de Albert Einstein, foi examinado, o segredo de sua genialidade não foi revelado. Mas viu-se que a área cerebral dedicada aos dedos de sua mão esquerda tinha se expandido, formando uma dobra gigantesca em seu córtex chamada de sinal de ômega, com a forma da letra grega Ω. Isso ocorreu devido à paixão de Einstein por tocar violino, um fato bem menos conhecido pelo público. Essa dobra aumenta em violinistas experientes, que desenvolvem intensamente a destreza com os dedos da mão esquerda. Já os pianistas desenvolvem um sinal de ômega nos dois hemisférios por usarem as duas mãos em movimentos detalhados e refinados.

O formato de morros e vales no cérebro se conserva nas pessoas de modo geral, mas os detalhes mais distintos refletem de modo pessoal e único os lugares por onde você passou e quem você é agora. Embora a maioria das mudanças seja pequena demais para ser detectada a olho nu, tudo que você viveu alterou a estrutura física de seu cérebro, da expressão dos genes às posições das moléculas e à arquitetura dos neurônios. A família em que você nasceu, sua cultura, seus amigos, seu trabalho, cada filme a que você assistiu, cada conversa que teve – tudo isso deixou marcas no sistema nervoso. Estas impressões microscópicas e indeléveis se acumulam, fazem você ser quem é e limitam quem você pode se tornar.

MUDANÇAS PATOLÓGICAS

As mudanças no cérebro representam o que fizemos e quem somos. Mas o que acontece se o cérebro muda devido a uma doença ou uma lesão? Será que isso também altera quem somos, nossa personalidade, nossos atos?

Em 1º de agosto de 1966, Charles Whitman pegou o elevador para o terraço de observação da torre da Universidade do Texas, em Austin. Depois, o rapaz de 25 anos atirou indiscriminadamente nas pessoas abaixo. Treze foram mortas e 33, feridas, até que o próprio Whitman finalmente foi morto a tiros pela polícia. Quando foram à casa dele, descobriram que Whitman havia matado a mulher e a mãe na noite anterior.

Só um detalhe foi mais surpreendente do que a violência gratuita: a ausência de qualquer coisa a respeito de Charles Whitman que pudesse ter previsto seus atos. Ele era escoteiro, trabalhava como caixa de um banco e estudava engenharia.

Logo depois de matar a mulher e a mãe, ele se sentou e datilografou o que equivalia a uma carta-testamento:

Com sinceridade, não me entendo ultimamente. Eu deveria ser um jovem mediano, racional e inteligente. Mas, nos últimos tempos (não consigo lembrar quando começou), tenho sido vítima de muitos pensamentos incomuns e irracionais (...). Depois de minha morte, desejo que seja feita uma autópsia em mim, para verificar se há algum distúrbio físico visível.

O pedido de Whitman foi atendido. Depois de uma autópsia, o patologista revelou que ele tinha um pequeno tumor cerebral. Com o tamanho aproximado de uma moeda de cinco centavos de dólar, estava pressionando uma parte de seu cérebro chamada amídala, que tem relação com o medo e a agressividade. Essa pequena pressão na amídala causou uma cascata de consequências no cérebro de Whitman e o levou a tomar medidas inteiramente em desacordo com sua personalidade. Sua massa encefálica havia se transformado, assim como quem ele era.

Este é um exemplo radical, porém, mudanças menos drásticas em seu cérebro podem alterar a estrutura de quem você é. Considere a ingestão de drogas ou de álcool. Determinados tipos de epilepsia tornam as pessoas mais religiosas. A doença de Parkinson costuma fazer com que as pessoas percam a fé, enquanto os medicamentos para Parkinson podem transformá-las em apostadores compulsivos. Não são só doenças e substâncias químicas que nos transformam: dos filmes a que assistimos aos trabalhos que realizamos, tudo contribui para uma remodelação contínua das redes neurais que resumimos como nós mesmos. Quem é você, exatamente? No fundo, no cerne, existe alguém?

SOU A SOMA DAS MINHAS LEMBRANÇAS?

Nosso cérebro e nosso corpo mudam tanto durante a vida, que, assim como o ponteiro da hora em um relógio, é difícil detectar as mudanças. Por exemplo, a cada quatro meses, as células vermelhas do seu sangue são inteiramente substituídas, e as células da pele são trocadas em intervalos de poucas semanas. Em cerca de sete anos, cada átomo de seu corpo será substituído por outro. Do ponto de vista físico, você constantemente se transforma em um novo alguém. Felizmente, pode haver uma constante que ligue todas essas versões diferentes de uma pessoa: a memória. Talvez a memória possa servir como o fio que faz você ser quem é. Ela está no centro da sua identidade, proporcionando um senso de personalidade contínuo e singular.

Mas aqui talvez haja um problema. Será que a continuidade pode ser uma ilusão? Imagine entrar em um parque e se encontrar em diferentes fases da vida. Lá está você aos seis anos, na adolescência, no final dos vinte, em meados dos cinquenta, no início dos setenta e próximo da morte. Nesta hipótese, vocês podem todos se sentar juntos e contar as mesmas histórias sobre sua vida, desenredando o fio único da sua identidade.

Ou não? Todas as suas versões têm o mesmo nome e história, mas o fato é que vocês são pessoas relativamente diferentes, com valores e objetivos distintos. E as lembranças da sua vida podem ter menos em comum do que se poderia esperar. A lembrança de quem você era aos 15 anos é diferente de quem você de fato era nessa idade; além disso, você terá lembranças diferentes relacionadas com os mesmos acontecimentos. Por quê? Devido ao que a memória é – e ao que ela não é.

A memória, mais do que um gravador de vídeo preciso de um momento de sua vida, é um estado cerebral frágil de uma época passada que deve ser ressuscitado para que você possa se lembrar.

Um exemplo: você está em um restaurante, na festa de aniversário de um amigo. Tudo que acontece incita determinados padrões de atividade em seu cérebro. Por exemplo, há um padrão determinado de atividade que ganha vida durante uma conversa entre seus amigos. Outro padrão é ativado pelo cheiro do café, outro pelo gosto de um bolo delicioso. O ato de o garçom encostar o polegar no copo em que você está bebendo é mais um detalhe memorável, representado por uma configuração diferente de descarga entre os neurônios. Todas essas constelações tornam-se interligadas em uma vasta rede associativa de neurônios que o hipocampo repete sem parar, até que as associações se tornam fixas. Os neurônios ativados ao mesmo tempo estabeleceram conexões mais fortes entre eles: células que se estimulam unidas entram em circuito unidas. A rede resultante é a marca única do acontecimento e representa sua lembrança do jantar de aniversário.

Agora vamos imaginar que, seis meses depois, você come um bolo que tem o mesmo gosto do que foi servido na festa de aniversário. Esta chave muito específica pode destrancar toda uma teia de associações. A constelação original se acende, como as luzes de uma cidade. E, de repente, você retorna àquela lembrança.

Embora nem sempre notemos, a memória não é tão rica quanto se pode esperar. Você sabe que seus amigos estavam lá. Um deles deve ter usado um terno, porque sempre está de terno. Outra estava de blusa azul. Ou quem sabe era roxa? Pode ter sido verde. Se você realmente sondar a memória, perceberá que não consegue se lembrar de detalhes sobre qualquer outra pessoa que estava no restaurante, embora o lugar estivesse cheio.

Assim, sua lembrança do jantar de aniversário começou a desbotar. Por quê? Para início de conversa, você tem um número finito de neurônios e todos eles precisam exercer funções diversas. Cada neurônio participa de diferentes constelações em diferentes momentos. Seus neurônios operam em uma matriz dinâmica de relações cambiantes e sofrem uma demanda forte e contínua para se conectar com outros. Assim, sua lembrança do jantar de aniversário começa a desbotar porque aqueles neurônios "do aniversário" foram cooptados para participar de outras redes da memória. O inimigo da memória não é o tempo, são outras lembranças. Cada novo acontecimento precisa estabelecer novas relações entre um número finito de neurônios. A surpresa é que uma memória desbotada não parece desbotada para você, que sente, ou pelo menos supõe, que o quadro inteiro está ali.

E a sua lembrança do acontecimento é ainda mais vaga. Digamos que, no ano que passou desde o evento, os dois amigos que estavam no jantar se separaram. Agora, você pode ter a falsa lembrança de que sentiu que algo estava estranho entre eles. Ele não estava mais calado do que o normal naquela noite? Não houve estranhos momentos de silêncio entre os dois? Bom, será difícil ter certeza, porque o conhecimento que agora existe na sua rede altera a lembrança correspondente daquela época. O que ocorre no presente se sobrepõe ao que houve no passado, então, um único acontecimento pode ser visto de formas diferentes em períodos diferentes da sua vida.

A FALIBILIDADE DA MEMÓRIA

As pistas para a maleabilidade de nossa memória vieram do trabalho pioneiro da professora Elizabeth Loftus, do campus de Irvine da Universidade da Califórnia. Ela transformou o campo da pesquisa da memória, mostrando como as lembranças são suscetíveis.

Loftus elaborou uma experiência em que chamou voluntários a assistir a filmes de acidentes de carro e depois fez uma série de perguntas para testar o que eles lembravam. As perguntas que fez influenciavam as respostas recebidas. Ela explica: "Eu perguntei qual era a velocidade dos carros quando eles 'colidiram' e quando 'se esmagaram'. As testemunhas deram estimativas de velocidade diferentes porque pensaram que os carros estavam mais rápidos quando usei a palavra 'esmagaram'." Intrigada ao ver que perguntas conducentes podiam contagiar a memória, ela decidiu ir além.

Seria possível implantar memórias falsas? Para descobrir, ela recrutou um grupo de participantes e pediu que sua equipe entrasse em contato com as famílias destas pessoas para descobrir informações sobre acontecimentos do passado delas. Depois, os pesquisadores montaram quatro histórias a respeito da infância de cada uma. Três eram verídicas. A quarta história continha informações plausíveis, mas era inventada: todos os participantes tinham se perdido em um shopping quando eram crianças, foram encontrados por uma pessoa idosa gentil e levados de volta para os pais.

Em uma série de entrevistas, os participantes ouviram as quatro histórias. Pelo menos um quarto deles disse que se lembrava do incidente de se perder no shopping – embora isso não tivesse acontecido. E não parou por aí. Loftus explica: "Eles podem pouco se lembrar do fato no início. Mas, uma semana depois, passam a se lembrar mais. Talvez falem da idosa que os resgatou." Com o tempo, um número cada vez maior de detalhes entra furtivamente na falsa memória: "A mulher estava com um chapéu estranho";

"Eu estava com meu brinquedo preferido"; "Minha mãe ficou muito zangada".

Então, foi possível implantar memórias novas e falsas no cérebro. Não apenas isso – as pessoas as adotaram e as enfeitaram, entremeando, sem saber, a fantasia no tecido de sua identidade.

Todos somos suscetíveis a essa manipulação da memória – a própria pesquisadora foi. Por acaso, quando Elizabeth era criança, a mãe dela se afogou em uma piscina. Anos depois, uma conversa com um parente revelou um fato extraordinário: ela havia encontrado o corpo da mãe na piscina. A novidade foi um choque, já que Elizabeth não sabia da informação e não acreditou naquilo. "Fui para casa depois daquele aniversário e pensei: talvez seja verdade. Pensei em outras coisas de que me lembrava, dos bombeiros chegando, de como eles me deram oxigênio. Talvez eu tivesse precisado de oxigênio porque fiquei perturbada demais por ter encontrado o corpo?" Logo depois, ela conseguia se lembrar de ter visto o corpo da mãe na piscina.

No entanto, ela recebeu um telefonema desse mesmo parente, que disse ter se enganado: a tia de Elizabeth era que tinha encontrado o corpo. Dessa forma, a pesquisadora pôde experimentar a sensação de ter sua própria falsa memória, de forma profunda e detalhada.

Nosso passado não é um registro fiel. Ele é uma reconstituição e às vezes pode beirar a mitologia. Quando analisamos as lembranças de nossa vida, devemos ter a consciência de que nem todos os detalhes são exatos. Alguns vêm de histórias que as pessoas nos contaram, outros con-

MEMÓRIA DO FUTURO

Henry Molaison sofreu seu primeiro ataque epilético forte no dia em que completou 15 anos. A partir dali, as convulsões ficaram mais frequentes. Diante de um futuro de convulsões violentas, Henry se submeteu a uma cirurgia experimental, que retirou a parte do meio de seu lobo temporal (incluindo o hipocampo) dos dois lados do cérebro. Henry foi curado das crises, mas com um efeito colateral horrível: pelo resto da vida, ele se tornou incapaz de criar novas lembranças.

Mas a história não termina aqui. Além de sua incapacidade de formar novas lembranças, ele também não conseguia imaginar o futuro.

Imagine como seria ir à praia amanhã. No que você pensa? Em surfistas e castelos de areia? Na arrebentação das ondas? Em raios de sol rompendo as nuvens? Se você perguntar a Henry o que ele consegue imaginar, uma resposta típica poderia ser "Só o que me vem à cabeça é a cor azul". O infortúnio de Henry revela algo sobre os mecanismos cerebrais subjacentes à memória: o propósito deles não é simplesmente registrar o que já aconteceu, mas nos permitir projetar o futuro. Para imaginar a experiência do amanhã na praia, o hipocampo, em particular, tem um papel fundamental na montagem de um futuro imaginário, recombinando informações do nosso passado.

têm partes do que achamos que aconteceu. Então, se a sua resposta para a pergunta "quem sou eu?" se baseia simplesmente em lembranças, sua identidade se torna uma narrativa um tanto estranha, contínua e mutável.

O CÉREBRO EM ENVELHECIMENTO

Hoje vivemos por mais tempo do que em qualquer momento da história humana, e isso representa desafios para a manutenção da saúde cerebral. Doenças como Alzheimer e Parkinson atacam nosso tecido encefálico e, com ele, a essência de quem somos.

Mas há boas notícias: da mesma forma como o ambiente e o comportamento modelam o cérebro na juventude, ambos são igualmente importantes na velhice.

Por todos os Estados Unidos, mais de 1.100 freiras, padres e frades participaram de um projeto de pesquisa único – o Estudo das Ordens Religiosas – a fim de explorar os efeitos do envelhecimento sobre o cérebro. O objetivo do estudo, particularmente, é obter os fatores de risco para a doença de Alzheimer e incluiu participantes de no mínimo 65 anos, que não apresentavam sintomas nem nenhum sinal mensurável da doença.

Além de ser um grupo estável, que pode ser localizado facilmente todo ano para testes regulares, as ordens religiosas partilham de um estilo de vida semelhante, inclusive na nutrição e nos padrões de vida. Isso faz com que existam menos "fatores perturbadores" ou diferenças que podem surgir na população mais ampla, como hábitos alimentares, situação socioeconômica ou nível de instrução – que podem interferir nos resultados do estudo.

A coleta de dados começou em 1994. Até agora, o doutor David Bennett e sua equipe, da Universidade Rush, em Chicago, coletaram mais de 350 cérebros. Cada um deles é cuidadosamente preservado e examinado em busca de evidências microscópicas de doenças cerebrais relacionadas com o envelhecimento. Esta parte representa apenas metade do estudo: a outra envolve a coleta de dados detalhados sobre os participantes enquanto eles estão vivos. Todo ano, aqueles que participam do estudo passam por uma bateria de testes, que vão de avaliações psicológicas e cognitivas a exames médicos, físicos e genéticos.

No início da pesquisa, a equipe esperava descobrir uma ligação clara entre o declínio cognitivo e as três doenças que são as causas mais comuns da demência senil: Alzheimer, derrames e doença de Parkinson. Em vez disso, eles descobriram que ter o tecido cerebral devastado pelo Alzheimer não significa necessariamente ter problemas cognitivos. Algumas pessoas morriam com o cérebro inteiramente tomado pelo Alzheimer sem ter perda cognitiva. O que estava acontecendo?

A equipe voltou aos substanciais dados coletados em busca de pistas. Bennett descobriu que fatores psicológicos e vivenciais determinavam se haveria perda da cognição. Especificamente, exercícios cognitivos – isto é, atividades que mantêm o cérebro ativo, como fazer palavras cruzadas, ler, dirigir, aprender novas habilidades e ter responsabilidades – tiveram um caráter protetor. Assim como atividades sociais, redes e interações sociais e atividade física.

Por outro lado, eles descobriram que fatores psicológicos negativos como solidão, ansiedade, depressão e tendência a angústia psicológica tinham relação com um declínio cognitivo mais acelerado. Características positivas como ter um caráter consciente, um propósito na vida e se manter ocupado protegiam as pessoas.

Os participantes com tecido neural doente, mas sem sintomas cognitivos, formaram o que se conhece como "reserva cognitiva". Conforme ocorria a degeneração de áreas do tecido cerebral, outras áreas foram bem exercitadas e compensaram ou assumiram essas funções. Quanto mais mantemos nosso cérebro apto do ponto de vista cognitivo, desafiando-o com tarefas difíceis e novas, inclusive a interação social, mais as redes neurais formam novas vias para ir de A para B.

Pense no cérebro como uma caixa de ferramentas. Se ela for boa, vai conter tudo que é necessário para você fazer o que precisa. Se tiver que soltar um parafuso, você poderá pegar uma chave sextavada. Se não tiver uma dessas, pode usar uma chave inglesa. Caso não encontre, um alicate pode servir. O conceito é o mesmo em um cérebro apto cognitivamente: mesmo que muitas vias entrem em declínio devido a uma doença, o cérebro pode recorrer a outras soluções.

O cérebro das freiras demonstra que é possível proteger nossos cérebros e ajudar a continuar sendo quem somos pelo maior tempo possível. Não podemos deter o processo de envelhecimento, mas talvez consigamos reduzir seu ritmo se praticarmos todas as habilidades da nossa caixa de ferramentas cognitivas.

EU SOU SENCIENTE

Quando penso em quem sou, há um aspecto acima dos demais que não pode ser ignorado: eu sou suscetível. Vivo minha existência. Sinto que estou aqui, olhando o mundo por estes olhos, observando do meu próprio palco este espetáculo em cores. Chamemos essa sensação de consciência ou despertar.

Os cientistas costumam divergir quanto à definição detalhada de consciência, mas é bem fácil definir sobre o que estamos falando com a ajuda de uma comparação simples: quando você está desperto, tem consciência; quando está em sono profundo, não tem. Essa distinção nos faz avançar a uma pergunta simples: qual é a diferença, na atividade cerebral, entre esses dois estados?

Uma forma de medir isso é a eletroencefalografia (EEG), que apreende um sumário de bilhões de neurônios em descarga por meio da captação de sinais elétricos fracos no exterior do crânio. É uma técnica um tanto rudimentar, que às vezes é comparada a tentar entender as regras do beisebol escutando os rumores de uma partida do lado de fora do estádio. Todavia, o EEG pode nos dar um discernimento imediato das diferenças entre os estados de vigília e sono.

Quando você está acordado, as ondas cerebrais revelam que seus bilhões de neurônios estão envolvidos em trocas

O PROBLEMA MENTE-CORPO

A vigília consciente é um dos enigmas mais desconcertantes da neurociência moderna. Qual é a relação entre nossa experiência mental e nosso cérebro físico?

O filósofo René Descartes supunha que existe uma alma imaterial separada do cérebro. Ele especulava que o estímulo sensorial nutre a glândula pineal, que serve como passagem para o espírito imaterial (provavelmente, ele escolheu a glândula pineal simplesmente porque ela fica na linha mediana do cérebro, enquanto a maioria dos outros atributos cerebrais é duplicada, um em cada hemisfério).

É fácil imaginar uma alma imaterial, porém, é difícil conciliá-la com a evidência neurocientífica. Descartes jamais pôde andar pela ala de neurologia de um hospital. Se o tivesse feito, teria visto que, quando o cérebro muda, também muda a personalidade da pessoa. Alguns danos cerebrais tornam as pessoas deprimidas. Outras alterações as deixam maníacas. Outras ainda regulam a religiosidade, o senso de humor, o apetite por jogos de azar. Outras tornam a pessoa indecisa, delirante ou agressiva. Vem daí a dificuldade, no contexto, de que o mental possa ser separado do físico.

Como veremos, a neurociência moderna tenta obter a relação da atividade neural detalhada com estados específicos de consciência. É provável que uma compreensão completa da consciência venha a exigir novas descobertas e teorias, pois nosso campo ainda é muito jovem.

complexas: pense nisso como milhares de conversas individuais tidas pela multidão que está presente em uma partida esportiva.

Quando você vai dormir, seu corpo parece se desativar. Assim, é natural presumir que o "estádio" existente nos seus neurônios se cale. Mas, em 1953, descobriu-se que essa suposição era incorreta: o cérebro é tão ativo à noite como durante o dia. Durante o sono, os neurônios simplesmente se coordenam de forma diferente, entrando em um estado mais sincronizado e ritmado. É como se a multidão do estádio fizesse uma ola de modo contínuo.

Como você pode imaginar, a complexidade da discussão em um estádio é muito mais rica quando ocorrem milhares de conversas isoladas. Por outro lado, quando a multidão está entretida em fazer uma ola, aos berros, o momento é menos intelectual.

Assim, são os ritmos detalhados de sua carga neuronal que ditam quem você é em qualquer momento. Durante o dia, o "eu" consciente surge dessa complexidade neural integrada. À noite, quando a interação dos neurônios se altera um pouco, você desaparece. Seus entes queridos precisam esperar até a manhã seguinte, quando seus neurônios deixam a ola morrer e voltam ao ritmo complexo. É só neste momento que você retorna.

Assim, quem você é depende do que seus neurônios estão fazendo, minuto após minuto.

CÉREBROS PARECEM FLOCOS DE NEVE

Depois de concluir a pós-graduação, tive a oportunidade de trabalhar com um de meus heróis da ciência, Francis Crick. Na época em que o conheci, ele se empenhava no problema da consciência. O quadro-negro em sua sala era cheio de anotações, e o que sempre me impressionava era a palavra que estava escrita no meio, muito maior do que as demais: "significado". Sabemos muito sobre os mecanismos dos neurônios, as redes e regiões cerebrais, mas não sabemos por que todos aqueles sinais que fluem por ali significam alguma coisa para nós. Como pode a matéria de nosso cérebro nos levar a gostar de algo?

O problema do significado ainda não foi resolvido. Mas aqui está o que penso que podemos dizer: o significado de uma coisa para você está nas suas teias de associações, com base em toda a história das experiências da sua vida.

Imagine o seguinte: eu pego uma peça de tecido, coloco nela alguns pigmentos coloridos e a mostro para o seu sistema visual. É possível que isso estimule lembranças e acenda a sua imaginação? Provavelmente não, porque é só um pedaço de pano, certo?

Agora, imagine que esses pigmentos em um tecido seguem o padrão do desenho de uma bandeira nacional. É quase certo que essa visão estimule algo em você, mas o significado específico é único para a sua história de experiências. Você não percebe os objetos como eles são, mas como você é.

Cada um de nós tem uma trajetória própria, conduzida por nossos genes e nossas experiências. Como resultado, cada cérebro tem uma vida íntima diferente. Os cérebros são singulares como flocos de neve.

À medida que os seus trilhões de novas conexões se formam e reformam continuamente, o padrão característico implica que jamais existiu e jamais existirá alguém igual a você. A experiência da sua vigília consciente, neste exato momento, é única para você.

E, assim como a matéria física, estamos em constante transformação. Não somos imutáveis. Do berço ao túmulo, somos uma obra em progresso.

Sua interpretação de objetos físicos tem tudo a ver com a trajetória histórica de seu cérebro e pouca relação com os objetos em si. Esses dois retângulos nada contêm além de arranjos de cor. Um cachorro não veria nenhuma diferença significativa entre eles. Seja qual for a sua reação a isto, ela é pessoal e não está relacionada aos objetos.

2

O QUE É A REALIDADE?

Como o sistema biológico do cérebro dá origem a nossa experiência: a visão do verde-esmeralda, o sabor da canela, o cheiro de terra molhada? E se eu dissesse que o mundo a sua volta, com suas cores nítidas, texturas, sons e aromas, é uma ilusão, um espetáculo criado pelo seu cérebro para você? Se você pudesse perceber a realidade como ela é, ficaria chocado com seu silêncio sem cor, sem cheiro e sem sabor. Fora do seu cérebro, existe apenas energia e matéria. Ao longo de milhões de anos de evolução, o cérebro humano tornou-se um perito na transformação de energia e matéria na rica experiência sensorial de estar no mundo. Como?

A ILUSÃO DA REALIDADE

Desde o momento em que acorda, você é cercado por uma torrente de luz, sons e cheiros. Seus sentidos são inundados. Você só precisa levantar todo dia e, sem pensar ou fazer qualquer esforço, é engolfado pela realidade irrefutável do mundo.

Mas o quanto desta realidade é uma construção de seu cérebro, ocorrendo apenas dentro de sua cabeça?

Considere as "cobras rotativas" a seguir. Embora nada esteja se mexendo na página, parece que as cobras estão rastejando. Como o seu cérebro pode perceber o movimento quando você sabe que a figura não se mexe?

Nada na página se move, mas você percebe o movimento.
Ilusão das "cobras rotativas", de Akiyoshi Kitaoka.

Compare a cor dos quadrados marcados com A e B.
Ilusão do tabuleiro de xadrez, de Edward Adelson.

Ou considere o tabuleiro de xadrez acima.

Apesar de não parecer, o quadrado marcado com a letra A tem exatamente a mesma cor do quadrado marcado com B. Você pode tirar a prova cobrindo o resto da imagem. Como os quadrados podem parecer tão diferentes, embora sejam fisicamente idênticos?

Ilusões como essas nos dão as primeiras pistas de que nossa imagem do mundo não é necessariamente uma representação exata. Nossa percepção da realidade está menos relacionada com o que acontece lá fora e mais ligada ao que ocorre dentro do cérebro.

SUA EXPERIÊNCIA DA REALIDADE

Parece que você tem acesso direto ao mundo por meio dos seus sentidos. Você pode estender a mão e tocar o material do mundo físico, como este livro ou a cadeira em que está sentado. Mas o tato não é uma experiência direta. Embora dê a impressão de acontecer nos seus dedos, na realidade, o tato ocorre no centro de controle de missão do cérebro. O mesmo acontece em todas as suas experiências sensoriais. A visão não está acontecendo nos seus olhos, a audição não ocorre nos seus ouvidos, o olfato não acontece no seu nariz. Todas as suas experiências sensoriais ocorrem em tempestades de atividade dentro do material computacional do cérebro.

A chave é esta: o cérebro não tem acesso ao mundo. Lacrado no interior da câmara escura e silenciosa do crânio, seu cérebro jamais viveu o mundo externo e nunca viverá.

Em vez disso, só há um jeito de a informação que vem de fora chegar ao cérebro. Seus órgãos dos sentidos – olhos, ouvidos, nariz, boca e pele – agem como intérpretes. Eles detectam o sortimento de fontes de informação (inclusive fótons, ondas de compressão de ar, concentrações moleculares, pressão, textura, temperatura) e o traduz para a moeda corrente do cérebro: os sinais eletroquímicos.

Esses sinais eletroquímicos correm por densas redes de neurônios, as principais células sinalizadoras do cérebro. Existem 100 bilhões de neurônios no cérebro humano e cada um deles envia dezenas ou centenas de pulsos elétricos a milhares de outros neurônios em cada segundo de sua vida.

Nada do que você vive, seja uma visão, um som, um cheiro, é uma experiência direta – na verdade, é uma versão eletroquímica em um teatro escuro.

Como o cérebro transforma seus imensos padrões eletroquímicos em uma compreensão útil do mundo? Ele o faz comparando os sinais que recebe de diferentes dados sensoriais, detectando padrões que lhe permitem fazer a melhor conjectura a respeito do que existe "lá fora". Essa operação é tão eficiente, que parece funcionar de modo espontâneo. Mas vamos observá-la de perto.

Comecemos pelo sentido mais dominante: a visão. O ato de ver parece tão natural, que é difícil estimar o imenso mecanismo necessário para que ele aconteça. Cerca de um terço do cérebro humano é dedicado à missão da visão, a transformar fótons de luz puros no rosto de nossa mãe, do animal de estimação que amamos ou no sofá onde estamos quase cochilando. Para desmascarar o que acontece internamente, vamos ao caso de um homem que perdeu a visão e depois teve a oportunidade de recuperá-la.

EU ERA CEGO, MAS AGORA VEJO

Mike May tinha quase quatro anos quando perdeu a visão. Uma explosão química escoriou suas córneas, impedindo que os olhos tivessem acesso aos fótons. Como cego, ele teve sucesso nos negócios e também foi campeão de esqui paraolímpico, percorrendo as encostas com o uso de marcadores sonoros.

Então, depois de mais de 40 anos de cegueira, Mike soube de um tratamento pioneiro com células-tronco que podia corrigir o dano físico em seus olhos. Ele decidiu se

TRANSDUÇÃO SENSORIAL

A biologia descobriu muitas maneiras de converter a informação do mundo em sinais eletroquímicos. Estas são apenas algumas das máquinas de tradução que você tem: células ciliadas no ouvido interno, vários tipos de receptores de tato na pele, papilas gustativas na língua, receptores moleculares no bulbo olfativo e fotorreceptores no fundo do olho.

Os sinais do ambiente são traduzidos nos sinais eletroquímicos transmitidos pelas células cerebrais. Esse é o primeiro passo para o cérebro conseguir usar as informações do mundo que existe fora do corpo. Os olhos convertem (ou traduzem) fótons em sinais elétricos. Os mecanismos do ouvido interno convertem vibrações na densidade do ar em sinais elétricos. Receptores na pele (e também dentro do corpo) convertem pressão, estiramento, temperatura e substâncias químicas irritantes em sinais elétricos. O nariz converte moléculas de odor flutuantes, e a língua converte moléculas de sabor em sinais elétricos. Em uma cidade com visitantes de todo o mundo, moedas estrangeiras devem ser convertidas em uma moeda comum antes que aconteçam transações importantes. O mesmo se dá com o cérebro. Ele é fundamentalmente cosmopolita, recebendo viajantes de muitas origens diferentes.

Um dos enigmas não resolvidos da neurociência é conhecido como o "problema da integração": como o cérebro é capaz de produzir um só quadro unificado do mundo, uma vez que a visão é processada em uma região, a audição em outra, o tato em uma terceira e assim por diante? Apesar de o problema persistir, a moeda comum entre os neurônios, assim como sua enorme interconectividade, promete estar no cerne da solução.

submeter à cirurgia, afinal, a cegueira era resultado apenas de suas córneas turvas e a solução era fácil.

Mas aconteceu algo inesperado. Câmeras de televisão estavam a postos para documentar o momento em que os curativos seriam retirados. Mike descreve o que sentiu quando o médico retirou a atadura: "Surgiu um jato de luz e um bombardeio de imagens em meu olho. De repente, veio essa inundação de informações visuais. Foi estarrecedor."

As novas córneas de Mike recebiam e focalizavam a luz como deviam, mas seu cérebro não via sentido nas informações que chegavam. Com as câmeras dos noticiários rodando, Mike olhou os filhos e sorriu para eles. Por dentro, porém, estava apavorado, porque não sabia dizer como eles eram ou o que era o quê. "Eu não sabia reconhecer um rosto", ele relembra.

Em termos cirúrgicos, o transplante foi um completo sucesso. Mas, da perspectiva de Mike, o que ele vivia não podia ser chamado de visão. Ele próprio resumiu: "Era como se meu cérebro dissesse 'Minha nossa!'."

Com ajuda dos médicos e da família, ele saiu da sala de exames e andou pelo corredor, olhando para o carpete, as imagens nas paredes, as portas. Nada daquilo fazia sentido. Quando entrou no carro para ir para casa, Mike viu os carros, as construções e as pessoas que passavam zunindo, tentando sem sucesso entender o que enxergava. Na via expressa, ele se retraiu quando teve a impressão de que o carro ia bater em um retângulo largo à frente – era uma placa de sinalização da rodovia. Ele não tinha o sentido do que eram os objetos nem de sua profundidade. Na realidade, Mike achou mais difícil esquiar após a cirurgia do que quando o fazia como cego. Devido a suas dificuldades na percepção de profundidade, era um problema saber a diferença entre pessoas, árvores, sombras e buracos. Para ele, eram simplesmente coisas escuras contra a neve branca.

A lição que vem à tona a partir da experiência de Mike é de que o sistema visual não é como uma câmera. Ver não é simplesmente retirar a tampa da lente. Para enxergar, você precisa ter mais do que olhos funcionais.

No caso de Mike, 40 anos de cegueira fizeram com que o território de seu sistema visual (o que normalmente chamaríamos de córtex visual) fosse amplamente dominado por outros sentidos, como a audição e o tato. Isso teve impacto na capacidade do cérebro de mesclar todos os sinais necessários para ter a visão. Como explicaremos adiante, a visão surge da coordenação de bilhões de neurônios que trabalham juntos em uma sinfonia complexa e particular.

Hoje, 15 anos depois da cirurgia, Mike ainda tem dificuldade para ler palavras no papel e entender a expressão das pessoas. Quando precisa ter um senso melhor de sua percepção visual imperfeita, ele usa os outros sentidos para validar as informações: ele toca, se levanta, ouve. Essa comparação entre sentidos é algo que todos fizemos quando éramos muito mais jovens, na época em que nosso cérebro começava a entender o mundo.

A VISÃO EXIGE
MAIS DO QUE OS OLHOS

Quando um bebê estende o braço para tocar o que está à sua frente, não é apenas para apreender texturas e formatos – esses gestos também são necessários para aprender a enxergar. Embora seja estranho imaginar que o movimento de nossos corpos é necessário para a visão, este conceito foi demonstrado com elegância com dois filhotes de gato em 1963.

Dentro de um cilindro com faixas verticais, um filhote de gato andava enquanto o outro era carregado. Ambos receberam exatamente as mesmas informações visuais, mas somente o filhote que andava por conta própria e era capaz de combinar os próprios movimentos com as alterações nos dados visuais aprendeu a enxergar corretamente.

Richard Held e Alan Hein, dois pesquisadores do MIT, colocaram dois filhotes de gato em um cilindro rodeado de faixas verticais. Os gatos recebiam dados visuais quando se mexiam dentro do cilindro. Mas havia uma diferença fundamental na experiência dos dois: o primeiro gato andava como queria, enquanto o segundo estava posicionado em uma gôndola presa a um eixo central. Devido a esse arranjo, os gatos viam exatamente a mesma coisa: as faixas se moviam ao mesmo tempo e na mesma velocidade para ambos. Se a visão deles se limitasse a fótons atingindo os olhos, seus sistemas visuais teriam um desenvolvimento idêntico. Mas o resultado surpreendente foi que apenas o gato que se movimentou desenvolveu uma visão normal. O outro, que estava na gôndola, jamais aprendeu a ver direito. Seu sistema visual nunca atingiu o desenvolvimento normal.

A visão não se limita a fótons que podem ser prontamente interpretados pelo córtex visual. Em vez disso, é uma experiência que envolve todo o corpo. Os sinais que chegam ao cérebro só fazem sentido se existir um treinamento prévio, o que exige uma comparação entre esses sinais e informações de nossos atos e consequências sensoriais. É o único jeito de o cérebro interpretar o que realmente significam os dados visuais.

Se você, desde o nascimento, fosse incapaz de interagir com o mundo de alguma maneira; incapaz de concluir, por meio de respostas, o que significa a informação sensorial, teoricamente, não conseguiria enxergar. Quando os bebês batem nas grades do berço, mascam os dedos dos pés e brincam com blocos, não estão simplesmente explorando – estão treinando o sistema visual. Enterrados na escuridão, seus cérebros aprendem como as ações enviadas para o mundo (virar a cabeça, empurrar alguma coisa, soltar outra) mudam o dado sensorial que retorna. Como consequência de uma longa experimentação, a visão é treinada.

VER PARECE FÁCIL, MAS NÃO É

Enxergar parece um ato tão espontâneo, que é difícil valorizar o esforço feito pelo cérebro para construir a visão. Para entender um pouco o processo, fui a Irvine, na Califórnia, para ver o que acontece quando meu sistema visual não recebe os sinais que espera.

A doutora Alyssa Brewer, da Universidade da Califórnia, está interessada na compreensão de como o cérebro é adaptável. Para isso, os participantes de sua pesquisa recebem óculos de prisma que trocam os lados esquerdo e direito do mundo – e estuda como o sistema visual lida com isso.

Em um belo dia de primavera, coloquei os óculos de prisma. O mundo virou: os objetos à direita agora apareciam a minha esquerda e vice-versa. Quando tentava entender onde Alyssa estava, meu sistema visual me dizia uma coisa, enquanto a audição dizia outra. Meus sentidos não combinavam. Quando estendi a mão para pegar um objeto, a visão de minha própria mão não combinava com a posição reclamada por meus músculos. Depois de dois minutos usando os óculos, eu transpirava e sentia náuseas.

Embora meus olhos estivessem funcionando e aprendendo o mundo, o fluxo de dados visuais não era coerente com outros fluxos de dados. Isto representou um trabalho árduo para meu cérebro. É como se eu estivesse aprendendo a ver pela primeira vez.

Eu sabia que o uso dos óculos não resultaria nessa dificuldade para sempre. Outro participante, Brian Barton, também usava os óculos de prisma – e assim o fez por uma semana inteira. Brian não parecia que estava prestes a vomitar, como eu. Para comparar nossos níveis de adaptação, eu e ele competimos para preparar um bolo. Deveríamos quebrar os ovos numa tigela, acrescentar uma mistura para bolo, colocar a massa em formas de cupcake e levá-las ao forno.

Não houve competição: os cupcakes de Brian saíram do forno com a aparência normal, enquanto a maior parte da minha massa foi parar na bancada ou espalhada pela forma. Brian conseguiu viver em seu mundo sem grandes problemas, enquanto eu passei por inepto. Precisei me esforçar e estar atento a cada movimento.

O uso dos óculos me permitiu experimentar o esforço normalmente oculto por trás do processamento visual. No início daquela manhã, pouco antes de colocá-los, meu cérebro pôde explorar seus anos de experiência com o mundo. Porém, depois de uma simples reversão de um dado sensorial, não podia mais fazer isso.

Para avançar ao nível de proficiência de Brian, eu sabia que precisaria continuar a interagir com o mundo por muitos dias: estendendo a mão para pegar objetos, seguindo a direção dos sons, cuidando da posição dos meus braços e pernas. Com bastante prática, meu cérebro seria treinado por uma comparação contínua entre os sentidos, assim como o cérebro de Brian fez por sete dias. Com treinamento, minhas redes neurais entenderiam como os vários fluxos de dados que entravam no cérebro se combinavam com outros fluxos de dados.

Brewer conta que, depois de alguns dias usando os óculos, as pessoas desenvolvem um senso interno de uma esquerda nova e uma esquerda antiga, e de uma direita nova e uma direita antiga. Depois de uma semana, elas conseguem se mover normalmente, assim como Brian, e perdem o conceito de quais eram as esquerdas e direitas antigas e novas. O mapa espacial do mundo se altera. Depois de duas semanas, elas conseguem ler e escrever bem, caminham e alcançam objetos com a proficiência de alguém que não está usando os óculos. Em um curto espaço de tempo, elas dominam a inversão de entrada de informações.

O cérebro não se importa muito com os detalhes das informações que chegam – simplesmente quer entender como se mover pelo mundo com mais eficiência e conseguir o que precisa. Todo o trabalho árduo de lidar com os sinais de nível baixo é feito por você. Se tiver a oportunidade de usar óculos de prisma um dia, use. Eles mostram a quantidade de esforço que o cérebro faz para que a visão pareça fácil.

SINCRONIZANDO OS SENTIDOS

Assim, vimos que nossa percepção requer que o cérebro compare diferentes fluxos de dados sensoriais. Mas existe algo que transforma esse tipo de comparação em um desafio sério: a questão do tempo. Todos os fluxos de dados sensoriais – visão, audição, tato e assim por diante – são processados pelo cérebro em velocidades diferentes.

Pense em corredores numa pista. Parece que eles partem dos blocos de largada no instante em que a arma dispara. Mas, na realidade, não é instantâneo: se você os observar em câmera lenta, verá a lacuna considerável entre o disparo e o início do movimento de cada um: quase dois décimos de segundo (na verdade, se eles arrancam dos blocos antes desse tempo, são desclassificados por "queimar a largada"). Os atletas treinam para tornar essa lacuna a menor possível, mas a biologia impõe limites fundamentais: o cérebro precisa registrar o som, enviar sinais ao córtex motor e, depois, medula espinhal abaixo, até os músculos do corpo. Em um esporte em que milésimos de segundo podem representar a diferença entre a vitória e a derrota, esta reação parece surpreendentemente lenta.

O atraso pode ser encurtado se usarmos, digamos, um flash em vez de uma pistola para dar a largada? Afinal, a luz viaja mais rapidamente do que o som. Isso não permitiria que eles partissem dos blocos de largada com mais rapidez?

Reuni alguns corredores para colocar isso à prova. Na primeira fotografia, demos a largada com um clarão; na foto de baixo, a largada foi dada pelo disparo da pistola.

Respondemos com mais lentidão à luz. A princípio, pode parecer absurdo, dada a velocidade da luz. Porém, para compreender o que está acontecendo, precisamos olhar por dentro a velocidade do processamento de informações. Os dados visuais passam por um processamento mais complexo do que os dados auditivos. Os sinais que transmitem a informação do clarão demoram mais a percorrer o sistema visual do que os sinais do disparo no sistema auditivo. Reagimos à luz em 190 milissegundos, mas a um disparo em apenas 160 milissegundos. Por isso se usa uma pistola para dar a largada em uma corrida.

Contudo, é neste ponto que as coisas ficam estranhas. Vimos agora que o cérebro processa o som com mais rapidez do que a visão. Entretanto, olhe com atenção o que acontece quando você bate palmas diante de si. Experimente. Tudo parece sincronizado. Como pode ser assim, uma vez que o som é processado com mais rapidez? Isso significa que a sua percepção da realidade é o resultado de engenhosos truques de edição: o cérebro esconde a diferen-

Os corredores podem sair dos blocos com mais rapidez com um disparo (imagem inferior) do que com um clarão (imagem superior).

ça nos tempos de chegada. Como? O que passa como realidade é, na verdade, uma versão atrasada. O seu cérebro coleta todas as informações dos sentidos antes de decidir pela história do que está acontecendo.

Essas dificuldades de tempo não se restringem à audição e à visão: cada tipo de informação sensorial requer um tempo diferente para ser processada. Para complicar ainda mais as coisas, mesmo em um único sentido existem diferenças de tempo. Por exemplo, os sinais levam mais tempo para alcançar o seu cérebro a partir do dedão do pé do que do seu nariz. Mas nada disso fica evidente para a sua percepção: você coleta todos os sinais primeiro, então tudo parece sincronizado. A estranha consequência desses acontecimentos é que você vive no passado. Quando pensa que o momento acontece, ele já passou. Para sincronizar as informações que chegam dos sentidos, o custo é que nossa consciência desperta fica atrasada em relação ao mundo físico. Esse é o abismo intransponível entre um evento e a sua experiência consciente dele.

QUANDO OS SENTIDOS SÃO ROMPIDOS, O SHOW PARA?

Nossa experiência da realidade é a construção definitiva do cérebro. Embora seja baseada em todos os fluxos de dados de nossos sentidos, ela não é dependente deles. Como sabemos disso? Porque, quando tudo sai de cena, a sua realidade não para. Ela só fica mais estranha.

O CÉREBRO PARECE UMA CIDADE

Como uma cidade, a operação geral do cérebro surge da interação em rede de suas inumeráveis partes. Costuma-se cair na tentação de atribuir uma função a cada região do cérebro, na forma de "esta parte faz isto". Porém, apesar de uma longa história de tentativas, a função cerebral não pode ser compreendida como a soma das atividades em um conjunto de módulos bem definidos.

Em vez disso, pense no cérebro como uma cidade. Se você olhasse uma cidade e perguntasse "onde fica a economia?", veria que não existe uma boa resposta para essa pergunta. A economia surge da interação de todos os elementos: das lojas e dos bancos aos comerciantes e consumidores.

O mesmo acontece com a operação do cérebro, que não ocorre em um só lugar. Como acontece em uma cidade, nenhum bairro do cérebro opera de forma isolada. Nos cérebros e nas cidades, tudo surge da interação entre os moradores, em todas as escalas, de modo local e a distância. Da mesma forma com que os trens trazem matéria-prima a uma cidade, que passam a ser processados na economia, os sinais eletroquímicos puros dos órgãos dos sentidos são transportados pelas supervias dos neurônios. Ali os sinais sofrem processamento e transformação para a nossa realidade consciente.

Em um dia ensolarado em San Francisco, peguei um barco que me levou pelas águas geladas até Alcatraz, o famoso presídio insular. Eu fui ver uma cela chamada de Buraco. Se você infringisse as regras no mundo, era mandado para Alcatraz. Se as infringisse em Alcatraz, era levado para o Buraco.

Entrei no Buraco e fechei a porta. A cela tem cerca de três metros por três. Era escura como breu: nem um fóton de luz entra de lugar nenhum. Os sons são completamente isolados. Você fica inteiramente sozinho.

Como seria ficar trancado no Buraco por horas ou dias? Para descobrir, falei com um presidiário que esteve ali. Robert Luke, conhecido como Cold Blue Luke, foi preso por assalto a mão armada e passou 29 dias no Buraco por destruir sua cela. Luke descreveu sua experiência: "O Buraco escuro era um lugar ruim. Alguns caras não aguentaram. Quer dizer, eles entraram lá e, uns dias depois, estavam batendo a cabeça na parede. Você não sabe como vai agir quando é colocado lá. Nem vai querer descobrir."

Completamente isolado do mundo, sem som nenhum e nenhuma luz, os olhos e ouvidos de Luke ficaram privados de informações. Mas sua mente não abandonou a ideia de um mundo fora dali; simplesmente foi em frente e criou um. "Eu me lembro de deixar minha mente viajar. Pensava em como era soltar uma pipa. Era bem real. Mas estava tudo na minha cabeça", ele afirma. O cérebro de Luke continuou a ver.

Experiências assim são comuns entre prisioneiros em confinamento solitário. Outro detento que foi mandado para o Buraco descreveu ter visto um ponto de luz em seu olho mental; ele expandia esse ponto em uma tela de televisão e podia assistir à TV. Privados de novas informações sensoriais, os prisioneiros afirmavam que iam além do devaneio: suas experiências pareciam inteiramente reais. Eles não apenas imaginavam as imagens, mas conseguiam vê-las.

Esse testemunho esclarece a relação entre o mundo externo e o que consideramos ser a realidade. Como podemos entender o que aconteceu com Luke? No modelo tradicional da visão, a percepção resulta de uma procissão de dados que começa nos olhos e termina em algum misterioso ponto final no cérebro. Porém, apesar da simplicidade deste modelo "linha de montagem" da visão, ele é incorreto.

O que acontece é que o cérebro gera sua própria realidade, mesmo antes de receber informações dos olhos e dos outros sentidos. Isto é conhecido como modelo interno.

A base do modelo interno pode ser vista na anatomia do cérebro. O tálamo fica entre os olhos, na parte da frente da cabeça, e o córtex visual fica atrás. A maior parte da informação sensorial se une por aqui a caminho da região correta do córtex. A informação visual vai para o córtex visual, então há um número imenso de conexões partindo do tálamo para o córtex visual. A surpresa, porém, é que existe um número dez vezes maior dessas conexões ocorrendo na direção contrária.

Expectativas detalhadas a respeito do mundo – o que o cérebro "adivinha" que estará lá fora – são transmitidas pelo córtex visual ao tálamo. O tálamo compara o que entra pelos olhos. Se essa informação combina com as expectativas ("quando virar a cabeça, devo ver uma cadeira ali"), então pouco dessa atividade volta ao sistema visual. O tálamo simplesmente relata as diferenças entre o que os olhos contam e o que foi previsto pelo modelo interno do cérebro. Em outras palavras, o que volta para o córtex visual é o que não cumpre as expectativas (também conhecido como o "desvio"), a parte que não foi prevista.

Assim, em dado momento, o que vivemos como visão depende menos do fluxo de luz para os nossos olhos e mais do que já está em nossa cabeça.

E foi por isso que Cold Blue Luke, sentado em uma cela escura como breu, teve experiências visuais nítidas. Enquanto ele estava trancado no Buraco, seus sentidos não forneciam ao cérebro nenhuma informação nova, então, o modelo interno pôde se soltar e ele foi capaz de ver e ouvir de forma nítida. Mesmo quando não está ancorado em dados externos, o cérebro continua a gerar suas próprias imagens. Se você tira o mundo de cena, o show ainda vai continuar.

Não é necessário ficar trancado no Buraco para viver a experiência do modelo interno. Muitas pessoas têm grande prazer em câmaras de privação sensorial – cápsulas escuras onde se flutua na água salgada. Ao retirar a âncora do mundo externo, elas deixam o mundo interno voar livremente.

É claro que você não precisa chegar ao ponto de encontrar sua própria câmara de privação sensorial. Toda noite, na hora de dormir, suas experiências visuais são plenas e nítidas. Seus olhos estão fechados, mas você desfruta do mundo rico e colorido de seus sonhos, acreditando na realidade de cada pedaço deles.

VENDO NOSSAS EXPECTATIVAS

Quando você anda pela rua de uma cidade, parece automaticamente saber o que são as coisas sem ter de elaborar os detalhes. Seu cérebro faz suposições sobre o que vê com base no seu modelo interno, formado em anos de experiência andando pelas ruas de outras cidades. Cada experiência que você teve contribui para o modelo interno em seu cérebro.

Em vez de usar os sentidos para refazer constantemente a realidade a partir do nada em cada momento, você está comparando informações sensoriais com um modelo que o cérebro já construiu, que é atualizado, refinado e corrigido. O seu cérebro é tão especializado nesta tarefa, que você normalmente não tem consciência dela. Às vezes, porém, em certas condições, você consegue ver o processo em funcionamento.

Experimente colocar uma máscara plástica de um rosto, do tipo que se usa no Dia das Bruxas. Agora vire-a, de modo a olhar para a parte de trás, que é oca. Você sabe que o verso da máscara é oco, mas, em geral, não consegue deixar de ver o rosto como se ele se projetasse em sua direção. O que você experimenta não são os dados brutos atingindo os olhos, mas seu modelo interno, que foi treinado durante uma vida inteira enxergando rostos – e este modelo ficou. A ilusão da máscara oca revela a força de suas expectativas no que você vê (eis aqui um jeito fácil de demonstrar a ilusão da máscara oca: pressione o rosto contra neve fresca e tire uma foto da impressão. Para o seu cérebro, a imagem resultante parece uma escultura de neve em três dimensões que se destaca).

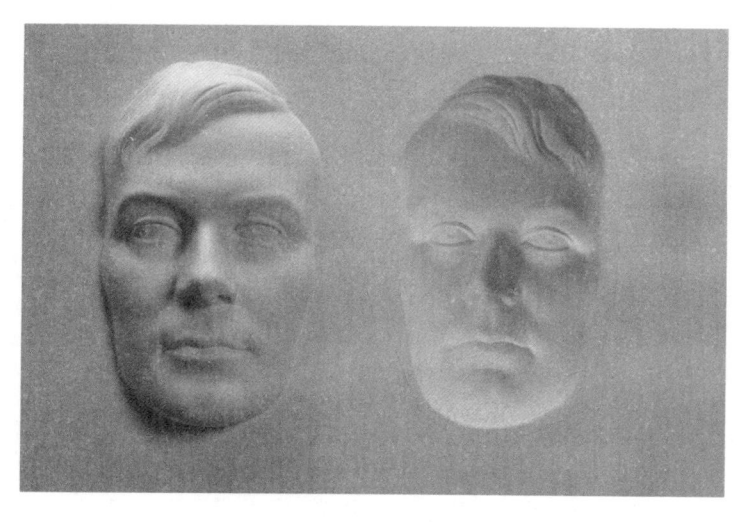

Quando você é confrontado com o lado oco de uma máscara (à direita), a impressão é que ela se projeta em sua direção. O que vemos é fortemente influenciado por nossas expectativas.

Também é o seu modelo interno que permite que o mundo lá fora continue estável, mesmo quando você está em movimento. Imagine que você estivesse prestes a ver a paisagem de uma cidade de que quisesse muito se lembrar. Então, você pega o celular para capturar um vídeo. Porém, em vez de correr suavemente sua câmera pela paisagem, decide movê-la exatamente como fazem seus olhos. Em geral, apesar de você não ter consciência disso, seus olhos saltam cerca de quatro vezes por segundo em movimentos espasmódicos chamados sacádicos. Se filmasse desse jeito, logo descobriria que esta não é a melhor maneira: ao assisti-lo, descobriria que é nauseante ver um vídeo de solavancos rápidos.

Por que o mundo parece estável quando você o observa? Por que ele não parece espasmódico e nauseante como seu vídeo mal feito? Esta é a resposta: o seu modelo interno opera segundo o pressuposto de que o mundo externo é estável. Seus olhos não são como câmeras de vídeo – eles simplesmente se aventuram a encontrar mais detalhes para alimentar o modelo interno. Eles não são como lentes de câmera pelas quais você enxerga, reúnem fragmentos de dados para alimentar o mundo que existe dentro do seu crânio.

NOSSO MODELO INTERNO É DE BAIXA RESOLUÇÃO, MAS PODE SER ATUALIZADO

Nosso modelo interno do mundo nos permite ter um senso rápido do ambiente. E esta é sua principal função – navegar pelo mundo. O que nem sempre fica evidente são os detalhes que o cérebro deixa de fora. Temos a ilusão de apreender o mundo ao redor com riqueza de detalhes, porém, como mostra uma experiência realizada nos anos 1960, não é bem assim.

O psicólogo russo Paul Yarbus elaborou um jeito de acompanhar os olhos das pessoas quando veem uma cena pela primeira vez. Usando a tela *O visitante inesperado*, de Ilya Repin, Yarbus pediu aos participantes que a olhassem detalhadamente por três minutos e depois descrevessem o que viram sem que a tela estivesse diante deles.

Em uma reprise desse experimento, dei tempo aos participantes para olhar a pintura, de modo que seus cérebros formassem um modelo interno da cena. Mas qual era o grau de detalhes desse modelo? Quando fiz perguntas aos participantes, todos que tinham visto a pintura pensaram saber o que havia nela. Mas, quando pedi detalhes específicos, ficou evidente que seus cérebros deixaram de preencher a maior parte dos detalhes. Quantas pinturas havia nas paredes? Qual era a mobília na sala? Quantas crianças? O piso era de madeira ou tinha carpete? Qual era a expressão do visitante inesperado? A falta de respostas revelou que as pessoas tiveram apenas um senso muito apressado da cena. Elas ficaram surpresas quando descobriram, mesmo com um modelo interno de baixa resolução, que ainda tinham a impressão de que tinham visto tudo. Posteriormente, depois das perguntas, dei aos participantes a oportunidade de olhar novamente a tela em busca de parte das respostas. Os olhos deles buscaram as informações e as incorporaram em um modelo interno novo, atualizado.

Isso não é um defeito do cérebro. Ele não tenta produzir uma simulação perfeita do mundo. Na verdade, o modelo interno é uma aproximação desenhada às pressas: o seu cérebro sabe onde procurar detalhes e outros são acrescentados à medida que são necessários.

Acompanhamos o movimento ocular de voluntários que olhavam *O visitante inesperado*, uma pintura de Ilya Repin. Os riscos brancos mostram o espaço percorrido pelo olhar deles. Apesar da abrangência dos movimentos oculares, eles não retiveram quase nada dos detalhes.

Então, por que o cérebro não nos dá o quadro completo? Porque o cérebro é custoso, consome muita energia. Vinte por cento das calorias que consumimos são usadas para alimentar o cérebro, que tenta operar com a maior eficiência energética possível, o que significa processar apenas a quantidade mínima de informações dos nossos sentidos de que precisamos para viver o mundo.

Os neurocientistas não foram os primeiros a descobrir que fixar o olhar em alguma coisa não é garantia de enxergá-la. Os mágicos já deduziram isso há muito tempo. Orientando nossa atenção, eles fazem truques à plena vista. Seus movimentos deveriam entregar o jogo, mas eles podem ter certeza de que o cérebro só processa pequenos fragmentos da cena visual.

Tudo isso ajuda a explicar a predominância de acidentes de trânsito em que os motoristas atingem pedestres em plena vista ou batem nos carros à frente. Em muitos desses casos, os olhos estão apontados para a direção certa, mas o cérebro não está vendo o que realmente há lá fora.

APRISIONADO EM UMA FINA FATIA DE REALIDADE

Pensamos nas cores como uma característica fundamental do mundo que nos cerca. Porém, no mundo exterior, elas não existem.

Quando a radiação eletromagnética atinge um objeto, parte dela é ricocheteada e capturada por nossos olhos. Conseguimos distinguir entre milhões de combinações de comprimentos de onda, mas é apenas dentro da nossa cabeça que qualquer um deles se transforma em cor. A cor é uma interpretação de comprimentos de onda que só existe internamente.

E fica ainda mais estranho, porque os comprimentos de onda de que estamos falando envolvem apenas o que chamamos de "luz visível", um espectro de comprimentos de onda que vai do vermelho ao violeta. Mas a luz visível constitui apenas uma fração do espectro eletromagnético – menos de uma parte em dez trilhões. Todo o restante do espectro, inclusive ondas de rádio, micro-ondas, raios X, raios gama, conversas ao celular, wi-fi e assim por diante, está fluindo por nós neste exato momento e não temos consciência nenhuma disso. É assim porque não possuímos receptores biológicos especializados para captar estes sinais de outras partes do espectro. A fatia da realidade que podemos ver é limitada por nossa biologia.

Cada criatura capta sua própria faixa da realidade. No mundo cego e surdo do carrapato, os sinais que ele detecta do ambiente são a temperatura e o odor corporal. Para os morcegos, é a ecolocalização de ondas de compressão de ar. Para os peixes fantasmas-negros, sua experiência do mundo é definida por perturbações nos campos elétricos. Essas são as faixas de seu ecossistema que eles conseguem detectar. Ninguém tem uma experiência da realidade objetiva que realmente existe; cada criatura percebe apenas o que foi evoluída para perceber. Porém, pode-se presumir que cada criatura supõe que sua faixa da realidade é todo o mundo objetivo. Por que pararíamos para imaginar que existe algo além do que podemos perceber?

Assim, como realmente "é" o mundo fora da nossa cabeça? Além de não ter cor, ele não tem som: a compressão e a expansão do ar são captadas pelos ouvidos e transformadas em sinais elétricos. O cérebro então nos apresenta esses sinais como tons melífluos, zunidos, estrondos e tinidos. A realidade também não tem cheiro: não existe odor fora do cérebro. As moléculas que flutuam pelo ar ligam-se a receptores em nosso nariz e são interpretadas como cheiros diferentes em nosso cérebro. O mundo real não é cheio de eventos sensoriais; em vez disso, nosso cérebro alegra o mundo com sua própria sensualidade.

SUA REALIDADE, MINHA REALIDADE

Como posso saber se minha realidade é igual à sua? Para a maioria de nós, é impossível saber, mas existe uma pequena fração da população cuja percepção da realidade é diferente da nossa de uma forma mensurável.

Pense em Hannah Bosley. Quando ela olha as letras do alfabeto, tem uma experiência interna de cor. Para Hannah, é uma verdade evidente que o J é roxo e o T é vermelho. As letras são associadas a cores de modo involuntário e automático e isso nunca muda. Seu nome parece-lhe um pôr do sol, que começa amarelo, fica vermelho e depois ganha cores semelhantes a nuvens. O nome "Iain", por sua vez, parece-lhe um vômito, mas isso não a faz tratar mal pessoas que tenham esse nome.

Hannah não está sendo poética, nem metafórica – ela tem uma experiência receptiva conhecida como sinestesia. A sinestesia é um problema em que os sentidos (ou, em alguns casos, conceitos) são misturados. Existem muitos tipos diferentes de sinestesia. Algumas pessoas sentem o gosto das palavras. Outras veem os sons como cores ou escutam movimento visual. Cerca de 3% da população tem alguma forma de sinestesia.

Hannah é apenas uma entre os seis mil sinestésicos que estudei em meu laboratório. Na realidade, Hannah trabalhou em meu laboratório por dois anos. Estudo a sinestesia porque é um dos poucos problemas em que está claro que a experiência que outra pessoa tem da realidade é diferente da minha de uma forma mensurável, o que deixa evidente que o modo como percebemos o mundo não é universal.

A sinestesia é o resultado de uma linha cruzada entre áreas sensoriais do cérebro, como bairros vizinhos com fronteiras porosas. A sinestesia nos mostra que mesmo as mudanças microscópicas nos circuitos cerebrais podem levar a realidades diferentes.

Sempre que encontro alguém com esse tipo de experiência, é um lembrete de que nossa experiência íntima da realidade pode ser um tanto diferente de uma pessoa para outra e de um cérebro para outro.

ACREDITANDO NO QUE NOSSO CÉREBRO NOS DIZ

Todos nós sabemos o que é sonhar à noite, ter pensamentos estranhos e espontâneos que nos levam a certas viagens. Às vezes, temos de passar por momentos perturbadores. A boa notícia é que podemos fazer algumas separações ao acordar: isso foi um sonho, esta é minha vida quando estou acordado.

Imagine como seria se esses estados da realidade fossem mais entrelaçados e fosse mais complicado ou impossível distinguir um do outro. Para cerca de 1% da população, essa distinção pode ser difícil e a realidade pode ser sufocante e assustadora.

Elyn Sacks é professora de direito na Universidade do Sul da Califórnia. Ela é inteligente, gentil e, desde os 16 anos, esporadicamente experimenta episódios esquizofrênicos. A esquizofrenia é um distúrbio de sua função cerebral que a faz ouvir vozes, ver coisas que os outros não veem ou acreditar que os outros leem seus pensamentos. Felizmente, graças à medicação e a sessões semanais de terapia, Elyn vem conseguindo dar aulas na faculdade de direito por mais de 25 anos.

Nós conversamos na universidade e ela me deu exemplos de episódios esquizofrênicos que teve no passado. "Parecia que as casas se comunicavam comigo: 'Você é especial. Você é especialmente má. Arrependa-se. Pare. Ande.' Eu não ouvia aquilo como palavras, mas como pensamentos colocados na minha cabeça. Mas sabia que eram os pensamentos das casas, não os meus." Em um incidente, Elyn acreditou que explosivos tinham sido colocados em seu cérebro e iriam ferir outros além dela. Em outra ocasião, achou que seu cérebro ia vazar pelas orelhas e afogar as pessoas.

Agora, depois de escapar desses delírios, ela ri e se pergunta o que foi tudo aquilo.

Foram desequilíbrios químicos no cérebro de Elyn que mudaram sutilmente o padrão dos sinais. Um padrão diferente pode levar alguém a ficar preso em uma realidade na qual acontecem coisas estranhas e impossíveis. Quando Elyn ficava presa em um episódio esquizofrênico, nunca achava que havia algo estranho. Por quê? Porque ela acreditava na narrativa contada pela essência de sua química cerebral.

Certa vez, li um antigo texto médico em que a esquizofrenia era descrita como uma invasão do estado onírico no estado de vigília. Embora eu não encontre esse tipo de descrição com frequência, é um jeito perspicaz de compreender como seria a experiência vista de dentro. Da próxima vez que você vir alguém em uma esquina falando sozinho e agindo de acordo com uma narrativa, lembre-se de como seria se você não conseguisse distinguir entre os estados de vigília e sono.

A experiência de Elyn é um atalho para compreendermos nossa própria realidade. Quando estamos no meio de um sonho, ele parece real. Quando interpretamos mal algo que vimos por um instante, é complicado nos livrar da sensação de que sabemos qual é a realidade do que vimos. Quando nos lembramos de algo que, na verdade, nunca aconteceu, é difícil aceitar que aquilo é falso. Embora seja impossível quantificar, o acúmulo dessas falsas realidades deixa marcas em nossas crenças e em nossos atos de formas que talvez jamais possamos entender.

Estivesse no meio de um delírio ou alinhada com a realidade dos demais, Elyn acreditava que o que vivia realmente estava acontecendo. Para ela, como para todos nós, a realidade é uma narrativa exibida dentro do auditório lacrado do crânio.

DOBRA NO TEMPO

Existe outro aspecto da realidade que raras vezes paramos para considerar: com frequência, a experiência que nosso cérebro tem do tempo pode ser muito estranha. Em determinadas situações, nossa realidade pode parecer mais lenta ou mais rápida.

Quando eu tinha oito anos, caí do telhado de uma casa, e a queda pareceu durar muito tempo. Quando entrei para o ensino médio, aprendi física e calculei a duração real da queda – oito décimos de segundo. Isso me fez procurar compreender duas coisas: por que eu acreditava que a experiência tinha sido muito mais longa e o que aquilo me dizia a respeito da nossa percepção da realidade?

Bem no alto das montanhas, o praticante de *wingsuit* profissional Jeb Corliss viveu uma distorção no tempo. Tudo começou com um salto que ele já havia feito antes. Porém, nesse dia, ele escolheu um alvo: um conjunto de balões que estouraria com o corpo. Jeb se lembra: "Enquanto eu me aproximava para bater em um daqueles balões, que estavam amarrados a um pedaço de granito, cometi um erro de cálculo." Ele estima que estava a 190 quilômetros por hora quando se chocou contra a plataforma.

Por ser atleta profissional de *wingsuit*, o salto dele nesse dia foi filmado por várias câmeras montadas nos penhascos e em seu corpo. É possível ouvir no vídeo o barulho do corpo dele batendo no granito. Jeb passou direto pelas câmeras e seguiu pela encosta onde havia acabado de cair.

Foi aí que o senso de tempo dele sofreu uma distorção. Jeb descreveu a experiência: "Meu cérebro se dividiu em dois processos separados de pensamento. Um deles era de simples dados técnicos. Você tem duas opções: não pode puxar a corda, então segue em frente, bate e morre, basicamente. Ou pode puxar, abrir um paraquedas e sangrar até morrer enquanto espera o resgate."

Para Jeb, esses dois processos de pensamento separados pareceram minutos no tempo: "Parece que você está funcionando tão rapidamente, que a percepção de todo o resto tem o ritmo reduzido e tudo se estende. O tempo passa mais devagar e você tem a sensação de câmera lenta."

Ele puxou a corda do paraquedas e caiu sobre o solo. Quebrou uma perna, os tornozelos e três dedos dos pés. Seis segundos se passaram entre o instante em que Jeb bateu na pedra e o momento em que puxou a corda. Porém, como em minha queda do telhado, esse período pareceu muito mais longo para ele.

A experiência subjetiva da desaceleração do tempo foi relatada em uma variedade de situações de risco – como acidentes de carro ou assaltos –, bem como em eventos que envolvem ver um ente querido em perigo, como uma criança caindo em um lago. Todas essas descrições são caracterizadas pelo senso de que os acontecimentos se desenrolam com muito mais lentidão do que o normal, em ricos detalhes.

Quando caí do telhado, ou quando Jeb bateu na aba do penhasco, o que aconteceu dentro de nossos cérebros? Será que o tempo de fato fica mais lento em situações assustadoras?

Alguns anos atrás, meus alunos e eu criamos um experimento para abordar essa questão. Induzimos o medo extremo em pessoas, largando-as no ar de uma altura de 45 metros. Em queda livre. De costas.

Nessa experiência, os participantes caíram com um mostrador digital preso ao pulso – um dispositivo que inventamos e chamamos de cronômetro perceptivo. Eles relataram os números que conseguiram ler no dispositivo no pulso. Se de fato pudessem ver o tempo em câmera lenta, conseguiriam ler os números. Mas nenhum deles pôde.

Então, por que Jeb e eu nos lembramos dos nossos acidentes como se eles tivessem acontecido em câmera lenta? A resposta parece estar em como nossas lembranças são armazenadas.

Em momentos ameaçadores, uma área do cérebro chamada de amídala entra em marcha acelerada, recrutando os recursos do resto do cérebro e forçando tudo a se ocupar da situação. Quando a amídala está em ação, as lembranças são registradas com mais detalhes e nitidez do que em circunstâncias normais porque um sistema secundário de memória foi ativado. Afinal, é para isso que serve a memória: acompanhar acontecimentos importantes, de forma que, se você um dia estiver em uma situação semelhante, seu cérebro tenha mais informações para tentar sobreviver. Em

MEDINDO A VELOCIDADE DA VISÃO: O CRONÔMETRO PERCEPTIVO

Para testar a percepção do tempo em situações assustadoras, largamos os voluntários de uma altura de 45 metros. Eu próprio me joguei três vezes e cada ocasião foi igualmente apavorante. Na tela, os números são gerados por lâmpadas de LED. A cada momento, as lâmpadas que estão acesas se apagam e as que estão apagadas se acendem. A taxas lentas de alternação, os participantes não tiveram problemas para relatar os números. Mas, a uma taxa um pouco mais rápida, as imagens positivas e negativas se fundiam, impossibilitando a leitura dos números. Para determinar se os participantes conseguiam enxergar em movimento mais lento, largamos as pessoas com a taxa de alternação um pouco mais elevada do que elas normalmente conseguem enxergar. Se elas estivessem vendo em câmera lenta, como Neo em *Matrix*, não teriam dificuldade para discriminar os números. Caso contrário, a taxa em que poderiam ver os números não deveria ser diferente de quando estavam no solo. O resultado? Largamos 23 voluntários, inclusive eu mesmo. Ninguém teve um desempenho melhor enquanto estava em voo. Apesar das esperanças iniciais, nós não éramos como Neo.

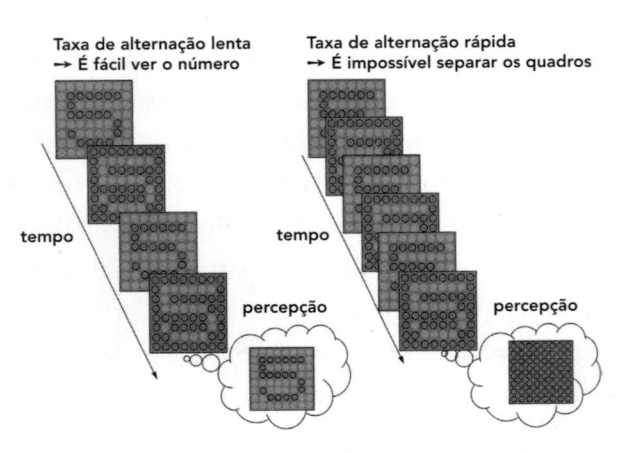

Quando o cronômetro perceptivo alterna os números lentamente, eles podem ser lidos. A uma taxa de alternação um pouco maior, isso não é possível.

outras palavras, se sua vida está em risco, é uma boa hora para fazer anotações.

O efeito colateral interessante é este: seu cérebro não está acostumado a esse tipo de densidade de memória (o capô estava se amassando, o espelho retrovisor caía, o outro motorista era parecido com um vizinho seu chamado Bob). Então, quando os acontecimentos são repassados em sua memória, a sua interpretação é de que o evento deve ter levado muito mais tempo. Dito de outra forma, na realidade não vivemos acidentes apavorantes em câmera lenta; a impressão resulta do modo como a memória é lida. Quando nos perguntamos "o que foi que aconteceu?", o detalhe da lembrança nos diz que o fato deve ter ocorrido em câmera lenta, embora isso não seja verdade. Nossa distorção no tempo é algo que acontece em retrospecto, um truque da memória que escreve a história da nossa realidade.

Agora, se você sofreu um acidente que ameaçou sua vida, pode insistir e dizer que estava consciente do desenrolar da história em câmera lenta enquanto ela acontecia. Mas observe o seguinte: esse é outro truque da nossa realidade consciente. Como vimos anteriormente com a sincronia dos sentidos, nunca estamos presentes no momento. Alguns filósofos sugerem que a consciência desperta não passa de um exame de lembranças rápidas: nosso cérebro está sempre perguntando "o que aconteceu? O que aconteceu?". Assim, a experiência consciente, na realidade, é apenas uma memória imediata.

Aliás, mesmo depois de publicarmos nossa pesquisa sobre isso, algumas pessoas ainda me dizem que sabem que o evento ocorreu como em um filme em câmera lenta. Então, costumo perguntar se a pessoa ao lado delas no carro estava gritando "nãããããão!" em tom grave como acontece em cenas em câmera lenta. Elas têm de admitir que isso não aconteceu. Isso é parte do motivo para pensarmos que o tempo perceptivo na verdade não se estende, embora seja uma realidade interna da pessoa.

O CONTADOR DE HISTÓRIAS

O cérebro entrega uma narrativa e cada um de nós acredita na narrativa que ele conta. Quer você se deixe enganar por uma ilusão de ótica, acredite que esteve preso em um sonho, enxergue letras em cores ou aceite o delírio como a realidade durante um episódio de esquizofrenia, cada um de nós aceita a realidade da forma com que o cérebro a escreveu.

Apesar da sensação de que experimentamos diretamente o mundo, nossa realidade, em última análise, é construída no escuro, em uma língua estrangeira de sinais eletroquímicos. A atividade que agita as vastas redes neurais é transformada em sua história sobre alguma coisa, sua experiência particular do mundo: a sensação deste livro nas mãos, a luz no ambiente, o cheiro de rosas, o som dos outros falando.

De modo ainda mais estranho, é provável que cada cérebro conte uma narrativa um tanto diferente. Para cada situação com várias testemunhas, cérebros diferentes têm experiências subjetivas e particulares diferentes. Com sete bilhões de cérebros humanos vagando pelo planeta (e trilhões de cérebros animais), não existe uma versão única da realidade. Cada cérebro carrega sua própria verdade.

Então, o que é a realidade? É como um programa de televisão que só você pode ver e não pode desligar. A boa notícia é que este é o programa mais interessante a que se pode assistir: ele é editado, personalizado e apresentado só para você.

3

QUEM ESTÁ NO CONTROLE?

O cosmo se revelou maior do que imaginávamos que seria quando olhávamos para o céu noturno. Da mesma forma, o universo dentro de nossa cabeça se estende para muito além do alcance de nossa experiência consciente. Hoje, temos os primeiros vislumbres da enormidade desse espaço interno. O esforço feito para reconhecer o rosto de um amigo, dirigir um carro, entender uma piada ou decidir o que pegar na geladeira parece pequeno, mas essas coisas só são possíveis graças ao vasto processamento que acontece abaixo da sua consciência desperta. Neste instante, como em cada momento de sua vida, as redes em seu cérebro estão movimentadíssimas: bilhões de sinais elétricos disparam pelas células, ativando pulsos químicos em trilhões de conexões entre neurônios. Atividades simples são sustentadas por uma enorme força de trabalho dos neurônios. Você não percebe, mas sua vida é modelada e marcada pelo que acontece internamente: seu comportamento, suas crenças, reações, seus amores e desejos, o que você acredita ser verdadeiro e falso. Sua experiência é o resultado final dessas redes ocultas. Então, quem está no comando, exatamente?

CONSCIÊNCIA

É de manhã. As ruas do seu bairro estão tranquilas enquanto o sol aponta no horizonte. Em quartos por toda a cidade, um por um, acontece um evento impressionante: a consciência humana vibra e ganha vida. O objeto mais complexo de nosso planeta torna-se consciente de que existe.

Há pouco tempo, você estava em sono profundo. O material biológico do seu cérebro era o mesmo de agora, mas os padrões de atividade se alteraram um pouco; assim, neste momento, você está desfrutando de experiências. Você lê rabiscos em uma página e extrai significado deles. Talvez sinta o sol na pele e a brisa no cabelo. Você pode pensar na posição da sua língua ou na sensação do sapato no pé esquerdo. Acordado, você agora está consciente de uma identidade, uma vida, de necessidades, desejos, planos. Agora que o dia começou, você está pronto para refletir sobre seus relacionamentos e objetivos e nortear seus atos de acordo com isso.

Mas quanto controle a sua consciência desperta exerce sobre as operações diárias?

Pense em como você está lendo estas frases. Ao passar os olhos por esta página, você está praticamente inconsciente dos saltos rápidos e vigorosos dados por seus olhos. Eles não estão se movendo suavemente pela página, mas disparam de um ponto fixo a outro. No meio de um salto, seus olhos movem-se rápido demais para ler. Eles só apreendem o texto quando você para e firma uma posição, em geral por aproximadamente 20 milissegundos de cada vez. Não estamos conscientes destes saltos, paradas e começos porque seu cérebro trabalha duro para estabilizar sua percepção do mundo externo.

 O ato de ler fica ainda mais estranho quando se pensa no seguinte: enquanto você lê estas palavras, seu significado flui desta sequência de símbolos diretamente para o cérebro. Para ter uma ideia da complexidade envolvida nisto, tente ler esta mesma informação em outro alfabeto:

আপনার মস্তষ্কিরে মধ্যে সরাসরিচিহ্ন এই ক্রম থেকে প্রবাহ অর্থ
эта азначае, патокі з сімвалаў непасрэдна ў ваш мозг
당신의 두뇌 에 직접 심볼 의 흐름을 의미

 Se você não sabe ler em bengali, bielorrusso ou coreano, esses caracteres lhe parecem meros rabiscos estranhos. Mas, depois de dominar a leitura de uma escrita (como esta), o ato dá a ilusão de ser espontâneo: não temos mais consciência de realizar a árdua tarefa de decifrar rabiscos. Seu cérebro faz o trabalho nos bastidores.

 Então, quem está no controle? Você é o capitão do seu próprio navio ou suas decisões e atos estão mais relacionadas com o enorme maquinário neural que opera fora de vista? Será que a qualidade da sua vida cotidiana tem a ver com sua capacidade de tomar boas decisões ou com a densa selva de neurônios e o zumbido constante de transmissões químicas inumeráveis?

Neste capítulo, descobriremos que o seu "eu" consciente é apenas a menor parte da sua atividade cerebral. Seus atos, crenças e tendências são impelidos por redes no cérebro às quais você não tem acesso consciente.

O CÉREBRO INCONSCIENTE EM AÇÃO

Imagine que estamos juntos em uma cafeteria. Enquanto conversamos, você nota que levanto minha xícara de café para tomar um gole. O ato é tão comum, que normalmente não merece atenção, a não ser que eu derrame um pouco na camisa. Mas sejamos justos: levar a xícara à boca não é algo fácil. O campo da robótica ainda luta para fazer este tipo de tarefa sem sobressaltos. Por quê? Porque esse simples ato é sustentado por trilhões de pulsos elétricos meticulosamente coordenados por meu cérebro.

Primeiro, meu sistema visual percorre a cena para localizar a xícara diante de mim, e meus anos de experiência ativam lembranças do café em outras situações. Meu córtex frontal transmite sinais em uma jornada ao córtex motor, que coordena com exatidão as contrações musculares – ao longo de meu tronco, braço, antebraço e mão – e assim posso segurar a xícara. Conforme toco a xícara, meus nervos transmitem de volta muitas informações sobre seu peso, sua posição no espaço, a temperatura, se a alça é escorregadia e assim por diante. À medida que essa informação sobe pela medula espinhal e entra no cérebro, os fluxos

A FLORESTA CEREBRAL

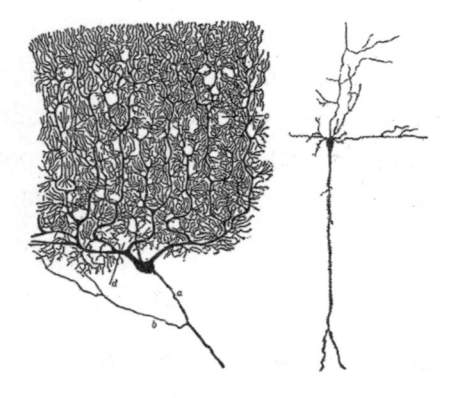

A partir de 1887, o cientista espanhol Santiago Ramón y Cajal usou sua formação em fotografia para aplicar manchas químicas em cortes do tecido cerebral. Esta técnica permitia que fossem vistas as células do cérebro individualmente, em toda sua beleza ramificada. Começou a ficar evidente que o cérebro era um sistema de tal complexidade que não tínhamos equivalentes nem linguagem que o apreendesse.

Com o advento dos microscópios produzidos em massa e os novos métodos de corar células, os cientistas começaram a descrever – pelo menos em termos gerais – os neurônios que compreendem nosso cérebro. Essas estruturas magníficas aparecem em uma variedade intrigante de formas, tamanhos e são conectadas em uma densa e impenetrável floresta que os cientistas levarão ainda muitas décadas para desbravar.

compensatórios de informações voltam, passando como o trânsito acelerado em uma rua de mão dupla. Essas informações surgem de uma coreografia complexa entre partes de meu cérebro com nomes como gânglio basal, cerebelo, córtex somatossensorial e muitos outros. Em frações de segundo, são feitos ajustes na força com que estou levantando e segurando a xícara. Por meio de cálculos e respostas intensas, ajusto meus músculos para manter a xícara nivelada enquanto suavemente a desloco em um arco longo para o alto. Faço ajustes mínimos por todo o caminho e, à medida que ela se aproxima de minha boca, eu a viro o suficiente para extrair parte do líquido sem me queimar.

Seriam necessárias dezenas dos supercomputadores mais rápidos do mundo para fazer par à potência computacional exigida nessa tarefa. Entretanto, não tenho percepção da tempestade de raios em meu cérebro. Embora minhas redes neurais estejam superocupadas, a consciência desperta vive algo bem diferente, algo mais parecido com o completo desligamento. O eu consciente está envolvido em nossa conversa, tanto que posso até dar forma ao fluxo de ar que sai da minha boca enquanto levanto a xícara, fazendo minha parte ao manter um diálogo complexo.

Tudo que penso é se vou levar o café à boca ou não. Se fizer isso de modo perfeito, provavelmente nem vou perceber que executei essa ação.

O mecanismo inconsciente de nosso cérebro funciona o tempo todo, mas com tal suavidade, que normalmente não temos consciência de suas operações. Assim, em geral, é mais fácil apreciá-lo apenas quando há alguma interrupção. Como seria se tivéssemos de pensar conscientemente em atos simples a que não costumamos dar atenção, como o ato aparentemente simples de andar? Para descobrir, fui conversar com um homem chamado Ian Waterman.

Aos 19 anos, Ian sofreu um tipo raro de dano nervoso como resultado de um episódio grave de gastroenterite. Ele perdeu os nervos sensoriais que falam com o cérebro sobre o tato, bem como a capacidade de localização dos próprios membros (conhecida como propriocepção). Assim, Ian não conseguia mais controlar automaticamente nenhum movimento do corpo. Os médicos disseram que ele ficaria confinado a uma cadeira de rodas pelo resto da vida, apesar de seus músculos estarem ótimos. Uma pessoa não pode simplesmente se movimentar sem saber onde está o próprio corpo. Embora raras vezes paremos para valorizar o fato, a resposta que recebemos do mundo e de nossos músculos possibilita os movimentos complexos que realizamos em cada momento do dia.

Ian não estava disposto a permitir que seu problema o confinasse a toda uma vida sem movimento. Então, ele se levanta e anda, mas toda sua vida de caminhante exige que ele pense em cada movimento realizado pelo corpo. Sem a consciência de onde estão braços e pernas, Ian precisa mover o corpo com uma determinação concentrada e consciente. Ele usa o sistema visual para monitorar a posição dos membros. Enquanto anda, baixa a cabeça para enxergar ao máximo os braços e pernas. Para manter o equilíbrio, compensa fazendo com que os braços se estendam ao lado. Como não consegue sentir os pés tocando o chão,

PROPRIOCEPÇÃO

Mesmo de olhos fechados, você sabe onde estão seus braços e pernas: o braço esquerdo está erguido ou abaixado? As pernas estão esticadas ou dobradas? Suas costas estão retas ou curvadas? A capacidade de saber o estado dos músculos é chamada de propriocepção. Receptores nos músculos, tendões e articulações fornecem informações sobre os ângulos de suas juntas, bem como a tensão e a extensão dos músculos. Coletivamente, isso dá ao cérebro um quadro detalhado de como o corpo está posicionado e permite ajustes rápidos.

Você pode viver uma falha temporária de sua propriocepção se um dia tentou andar depois de uma perna ter ficado dormente. A pressão nos nervos sensoriais comprimidos impediu que os sinais corretos fossem enviados e recebidos. Sem uma sensação da posição de seus próprios membros, atos simples como cortar a comida, digitar ou caminhar são quase impossíveis.

Ian tem que prever a distância exata de cada passo e descer o pé com a perna esticada. Cada passo dele é calculado e ordenado por sua mente consciente.

Por ter perdido a capacidade de andar automaticamente, Ian é bastante consciente de que a coordenação que temos para caminhar, considerada simples pela maioria, é um milagre. Ele observa que todos ao redor se deslocam com fluidez e suavidade, sem consciência nenhuma do maravilhoso sistema que cuida desse processo.

Se ele se distrair por um instante ou deixar de pensar no próximo movimento, provavelmente vai cair. Todas as distrações precisam ser afastadas enquanto ele se concentra nos mínimos detalhes: a inclinação do chão, o balanço da perna.

Se você passa por pelo menos um ou dois minutos com Ian, se dá conta da complexidade excessiva dos fatos cotidianos de que nunca falamos: levantar-se, atravessar um quarto, abrir uma porta, estender o braço para um aperto de mãos. Apesar da aparência inicial, estes atos não são nada simples. Então, da próxima vez que você vir uma pessoa caminhando, correndo, equilibrando-se sobre um skate ou pedalando uma bicicleta, tire um minuto para se encantar não apenas com a beleza do corpo humano, mas com o poder do cérebro inconsciente que o orquestra de forma impecável. Os detalhes complexos dos nossos movimentos mais básicos são animados por trilhões de cálculos, todos em atividade numa escala espacial menor do que você consegue enxergar e numa complexidade que está além do que se pode compreender. Ainda não foram construídos robôs que cheguem perto do que um ser humano pode fazer. E, enquanto um supercomputador consome enormes quantidades de energia, nosso cérebro deduz o que fazer com uma eficiência desconcertante, usando aproximadamente a energia de uma lâmpada de 60 watts.

GRAVANDO HABILIDADES
NOS CIRCUITOS DO CÉREBRO

Os neurocientistas revelaram pistas do funcionamento do cérebro examinando quem é especializado em alguma área. Para isso, eu me encontrei com Austin Naber, um menino de dez anos com um talento extraordinário: ele detém o recorde mundial infantil de um esporte conhecido como empilhamento de copos.

Em movimentos rápidos e fluidos impossíveis de acompanhar com os olhos, Austin transforma uma coluna de copos de plástico em uma exposição simétrica de três pirâmides separadas. Depois, com as duas mãos em disparada, ele desfaz as pirâmides e põe os copos em duas colunas curtas. Em seguida, transforma as colunas em uma única pirâmide alta, que depois volta a ser a coluna original de copos.

Ele faz tudo isso em cinco segundos. Eu tentei e precisei de 43 segundos em minha melhor marca.

Observando Austin em ação, pode-se esperar que seu cérebro esteja fazendo hora extra, queimando uma enorme quantidade de energia para coordenar essas ações complexas com tal rapidez. Para testar essa expectativa, tentei medir a atividade cerebral dele, e a minha própria, durante um desafio de empilhamento de copos. Com a ajuda do pesquisador doutor José Luis Contreras-Vidal, Austin e eu recebemos toucas com eletrodos para medir a atividade elétrica provocada pelas populações de neurônios abaixo do crânio. Nossas ondas cerebrais medidas pelo eletroencefalograma (EEG) seriam lidas para comparação direta do esforço dos cérebros durante a tarefa. Uma janela rudimentar para o mundo dentro de nossos crânios surgiu depois que nós dois fomos conectados.

Austin me ensinou as etapas de sua rotina. Assim, para não levar uma surra de um menino de dez anos, treinei

ONDAS CEREBRAIS

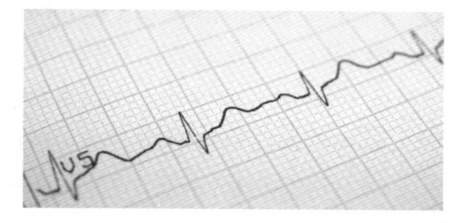

Um EEG, abreviatura para eletroencefalograma, é um método para entreouvir a atividade elétrica geral resultante da atividade dos neurônios. Pequenos eletrodos colocados na superfície do couro cabeludo captam "ondas cerebrais", expressão coloquial para os sinais elétricos médios produzidos pelos sons neurais subjacentes.

O psicólogo e psiquiatra alemão Hans Berger registrou o primeiro EEG humano em 1924 e pesquisadores das décadas de 1930 e 1940 identificaram vários tipos de ondas cerebrais: as ondas Delta (abaixo de 4 Hz) ocorrem durante o sono; as ondas Teta (4-7 Hz) são associadas com o sono, o relaxamento profundo e a imaginação; as ondas Alfa (8-13 Hz) ocorrem quando estamos relaxados e calmos; as ondas Beta (13-38 Hz) são vistas quando estamos raciocinando ativamente e resolvendo problemas. Desde então, foram identificadas outras importantes faixas de ondas cerebrais, inclusive as ondas Gama (39-100 Hz), envolvidas na atividade mental concentrada, como o raciocínio e o planejamento.

Nossa atividade cerebral geral é um misto de todas essas frequências diferentes, mas, dependendo do que estivermos fazendo, vai exibir algumas frequências mais do que outras.

muitas vezes por cerca de vinte minutos antes de começar o desafio oficial.

No fim, meu esforço não fez nenhuma diferença. Austin me derrotou. Eu não havia chegado nem a um oitavo da rotina quando ele bateu os copos, vitorioso, em sua configuração final.

A derrota não foi inesperada, mas o que revelou o EEG? Se Austin executa essa rotina oito vezes mais rápido, é razoável pressupor que ela lhe custaria muito mais energia. Mas essa suposição deixa de considerar uma regra fundamental sobre como o cérebro aprende novas habilidades. No fim, o resultado do EEG mostrou que foi o meu cérebro, não o de Austin, que fez hora extra, queimando uma enorme quantidade de energia para desempenhar essa tarefa nova e complexa. Meu EEG mostrou alta atividade na faixa de frequência das ondas Beta, associada com a solução de problemas extensos. Austin, por outro lado, teve alta atividade na faixa de ondas Alfa, estado associado ao cérebro em repouso. Apesar da velocidade e da complexidade de suas ações, o cérebro de Austin estava sereno.

O talento e a velocidade de Austin são o resultado de mudanças físicas em seu cérebro. Durante os anos de prática, formaram-se padrões específicos de conexões físicas. Ele gravou a habilidade de empilhar copos na estrutura dos neurônios. Como consequência disso, agora Austin gasta muito menos energia para empilhar os copos. Meu cérebro, por sua vez, ataca o problema por deliberação consciente. Eu emprego um software cognitivo de uso geral, ele transferiu a habilidade para um hardware cognitivo especializado.

Quando praticamos novas habilidades, elas se tornam fisicamente conectadas e caem abaixo do nível da consciência. Alguns ficam tentados a chamar isso de memória muscular, mas as habilidades não são armazenadas nos músculos. Na realidade, uma rotina como a de empilhar copos é orquestrada pela selva densa de conexões no cérebro de Austin.

A estrutura detalhada das redes no cérebro de Austin foi alterada por seus anos de prática empilhando copos. Uma memória processual é aquela de longo prazo que representa como fazer as coisas de forma automática, como andar de bicicleta ou amarrar cadarços. Para Austin, empilhar copos tornou-se uma memória processual que está escrita nos circuitos microscópicos do cérebro, tornando as ações ao mesmo tempo velozes e energeticamente eficientes. Com a prática, sinais repetidos foram transmitidos pelas redes neurais, o que fortaleceu as sinapses e gravou a habilidade no circuito. Na realidade, o cérebro de Austin tornou-se tão especializado, que ele pode empilhar copos impecavelmente mesmo com os olhos vendados.

No meu caso, à medida que aprendo a empilhar copos, meu cérebro está convocando áreas lentas e famintas de energia como o córtex pré-frontal, o córtex parietal e o cerebelo – Austin não usa mais nenhuma delas para executar a tarefa. Nos primeiros dias de aprendizagem de uma nova habilidade motora, o cerebelo tem um papel particularmente importante, ordenando o fluxo necessário de movimentos para a precisão e o controle perfeito do tempo.

À medida que se torna gravada, a habilidade cai abaixo do nível do controle consciente. A essa altura, podemos realizar uma tarefa automaticamente e sem pensar, isto é, sem a consciência desperta. Em alguns casos, uma habilidade é tão automática, que os circuitos subjacentes são encontrados abaixo do cérebro, na medula espinhal. Isto foi observado em gatos que tiveram grande parte do cérebro removida e ainda assim conseguiam andar normalmente em uma esteira: os programas complexos envolvidos no caminhar estão armazenados em um nível inferior do sistema nervoso.

OPERANDO NO PILOTO AUTOMÁTICO

Por toda a vida, nosso cérebro se reescreve para criar circuitos dedicados às missões que praticamos, sejam elas andar, surfar, correr, nadar ou dirigir. Essa capacidade de gravar programas na estrutura do cérebro é um de seus truques mais poderosos. Pode resolver o problema do movimento complexo usando muito pouca energia pela conexão de circuitos indicados no hardware. Depois de gravadas nos circuitos do cérebro, essas habilidades podem ser realizadas sem pensar – sem esforço consciente – e isso libera recursos, permitindo que o eu consciente se dedique a outras tarefas e as absorva.

Há uma consequência para esta automatização: as novas habilidades caem abaixo do alcance do acesso consciente. Você perde acesso aos programas sofisticados que rodam internamente e assim não sabe exatamente como faz o que

SINAPSES E APRENDIZADO

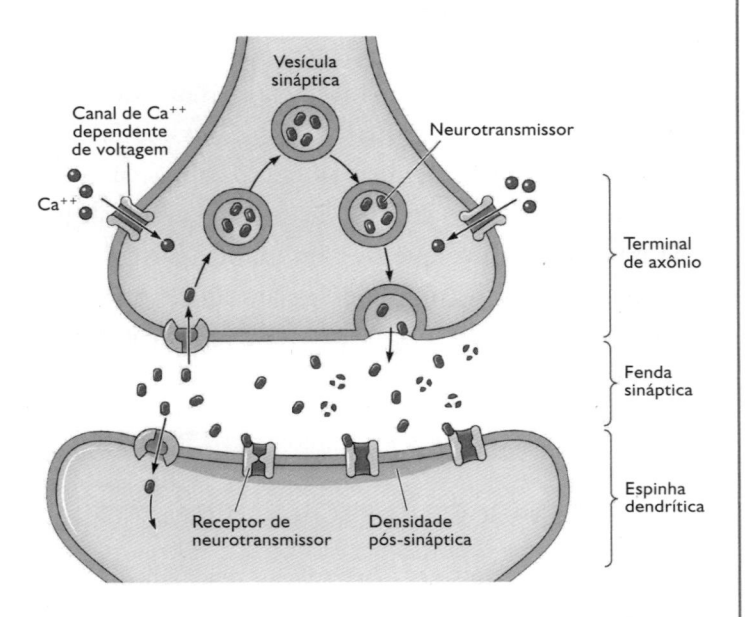

Diagrama de uma sinapse com as seguintes legendas:
- Canal de Ca^{++} dependente de voltagem
- Ca^{++}
- Vesícula sináptica
- Neurotransmissor
- Receptor de neurotransmissor
- Densidade pós-sináptica
- Terminal de axônio
- Fenda sináptica
- Espinha dendrítica

As conexões entre neurônios são chamadas sinapses. São nessas conexões que substâncias químicas denominadas neurotransmissores transportam sinais entre neurônios. Mas nem todas as conexões sinápticas têm a mesma força: dependendo de seu histórico de atividade, podem ficar mais fortes ou mais fracas. À medida que as sinapses mudam de potência, a informação flui pela rede de forma diferente. Se enfraquece o suficiente, uma conexão murcha e desaparece. Se for fortalecida, pode dar origem a novas conexões. Parte dessa reconfiguração é orientada por sistemas de recompensa, que transmitem globalmente um neurotransmissor chamado dopamina quando tudo dá certo. A rede cerebral de Austin foi remodelada – de forma muito lenta e sutil – pelo sucesso ou fracasso de cada tentativa durante centenas de horas de prática.

faz. Quando sobe uma escada enquanto tem uma conversa, você não faz ideia de como calcula as dezenas de microcorreções de seu equilíbrio corporal e como sua língua se mexe dinamicamente para produzir os sons corretos do seu idioma. Essas são tarefas difíceis que você nem sempre conseguiu fazer. Mas, como seus atos tornam-se automáticos e inconscientes, geram a capacidade de operar no piloto automático. Todos nós conhecemos a sensação de dirigir o carro para casa pelo trajeto diário e, de repente, perceber que chegamos ao local de destino sem ter nenhuma lembrança verdadeira da viagem. As habilidades envolvidas na direção tornaram-se tão automatizadas, que você pode fazer isso inconscientemente. O "eu" consciente – a parte que ganha vida quando você acorda pela manhã – não é mais o motorista, é no máximo um carona na viagem.

Há um resultado interessante para as habilidades automáticas: as tentativas de interferir conscientemente nelas costumam piorar seu desempenho. É melhor que as proficiências aprendidas, até as muito complexas, fiquem por conta própria.

Pense no alpinista Dean Potter: até sua morte recente, ele escalava penhascos sem corda e sem equipamento de segurança. Desde os 12 anos, Dean dedicou a vida à escalada. Anos de prática gravaram grande precisão e habilidade em seu cérebro. Para atingir tal nível, Dean contava com seus circuitos supertreinados para fazer o trabalho, livre de deliberação consciente. Ele entregou todo o controle ao inconsciente. Ele escalava em um estado cerebral comumente chamado de "fluxo", em que atletas radicais costumam ir ao limite de sua capacidade. Como muitos atletas, Dean chegava ao estado de fluxo colocando-se em uma situação de risco de vida. Nesse estado, ele não experimentava a intromissão de sua voz interior e podia dispor inteiramente da capacidade de escalada que tinha, gravada em seus circuitos durante anos de treinamento dedicado.

Como o campeão de empilhamento de copos Austin Naber, as ondas cerebrais de um atleta no fluxo não são enlouquecidas pelos sons da deliberação consciente (eu estou bem? Será que eu disse isso ou aquilo? Tranquei a porta quando saí?). Durante o fluxo, o cérebro entra em um estado de hipofrontalidade, o que significa que partes do córtex pré-frontal ficam temporariamente menos ativas. Essas são as áreas envolvidas em raciocínio abstrato, planejamento para o futuro e concentração no senso de identidade da pessoa. A redução dessas operações de fundo é a chave que permite que uma pessoa fique pendurada na metade da subida de uma face rochosa. Proezas como a de Dean só podem ser realizadas sem a distração da conversação interna.

Muitas vezes, é melhor deixar a consciência de lado – e em alguns tipos de tarefas não existe alternativa, porque o cérebro inconsciente pode operar em velocidades que a mente consciente não consegue acompanhar por ser lenta demais. Considere o jogo de beisebol, em que uma bola rápida pode viajar da base do arremessador à *home plate* a 150 quilômetros por hora. Para fazer contato com a bola, o cérebro tem apenas cerca de quatro décimos de segundo para reagir. Nesse tempo, ele precisa processar e orquestrar uma sequência complexa de movimentos para atingir a bola. Os rebatedores fazem contato com as bolas de beisebol o tempo todo, mas não conscientemente: a bola simplesmente é rápida demais para que o atleta tenha consciência de sua posição, e a rebatida acontece antes que o rebatedor consiga registrar o que aconteceu. A consciência não foi apenas deixada de lado, também comeu poeira.

AS CAVERNAS FUNDAS DO INCONSCIENTE

O alcance da mente inconsciente se estende para além do controle do corpo. Ela dá forma à vida de maneiras mais profundas. Da próxima vez que estiver conversando, observe como as palavras saem da sua boca mais rapidamente do que você pode controlar conscientemente o que diz. Seu cérebro trabalha nos bastidores, elaborando e produzindo linguagem, conjugações e pensamentos complexos para você (por analogia, compare sua velocidade quando fala uma língua estrangeira que começou a estudar há pouco tempo).

O mesmo trabalho de bastidores é válido para as ideias. Levamos o crédito consciente por todas as nossas suposições, como se tivéssemos o trabalho árduo de gerá-las. Porém, na realidade, seu cérebro inconsciente esteve trabalhando nessas ideias – consolidando lembranças, experimentando novas combinações, avaliando as consequências

– por horas ou meses antes que elas surgissem em sua consciência e você dissesse "acabei de pensar em uma coisa!".

O homem que começou a esclarecer as profundezas ocultas do inconsciente foi um dos cientistas mais influentes do século XX. Sigmund Freud ingressou na faculdade de medicina em Viena em 1873 e se especializou em biologia. Quando abriu um consultório particular para o tratamento de distúrbios psicológicos, percebeu que era frequente que os pacientes não tivessem conhecimento consciente do que impelia seus comportamentos. O insight de Freud foi de que grande parte deles era fruto de processos mentais invisíveis. Essa ideia simples transformou a psiquiatria, levando a uma nova maneira de compreender os impulsos e emoções humanos.

Antes de Freud, os processos mentais aberrantes ou não eram explicados ou eram descritos como possessão demoníaca, pouca força de vontade e assim por diante. Freud insistiu em procurar a causa no cérebro físico.

Ele fazia os pacientes se deitarem em um divã no consultório para que não tivessem de olhá-lo diretamente e depois os fazia falar. Em uma época anterior às varreduras do cérebro, essa era a melhor janela para o mundo do cérebro inconsciente. O método de Freud era coletar informações sobre padrões de comportamento no conteúdo dos sonhos, em lapsos de linguagem, em erros de escrita. Ele observava como um detetive, procurando pistas para o mecanismo neural inconsciente a que os pacientes não tinham acesso direto.

Freud convenceu-se de que a mente consciente é a ponta do iceberg dos nossos processos mentais, enquanto a parte muito maior do que impele nossos pensamentos e comportamentos está oculta.

A especulação de Freud provou-se correta e uma consequência disso é que, em geral, não conhecemos a origem das nossas próprias escolhas. Nosso cérebro constantemente retira informações do ambiente e as usa para conduzir nosso comportamento, mas com frequência as influências a nossa volta não são reconhecidas. Pense no efeito chamado pré-ativação (*priming*), em que uma coisa influencia a percepção de outra. Por exemplo, se você estiver segurando uma bebida quente, descreverá sua relação com um parente de forma mais favorável; ao segurar uma bebida gelada, expressará uma opinião um tanto mais desfavorável a respeito do relacionamento. Por que isso acontece? Porque os mecanismos cerebrais para avaliar o calor interpessoal coincidem com os mecanismos para avaliar o calor físico, então um influencia o outro. O resultado é que sua opinião sobre algo tão fundamental como o seu relacionamento com sua mãe pode ser manipulado de acordo com o que está em suas mãos (um chá quente ou gelado). Da mesma forma, se você estiver em um ambiente de mau cheiro, tomará decisões morais mais severas – por exemplo, é mais provável que julgue imorais os atos incomuns de outra pessoa. Outro estudo revelou que, se você está sentado em uma cadeira dura, será um negociador linha-dura em uma transação comercial. Se estiver em uma cadeira macia, irá ceder mais.

EMPURRANDO O INCONSCIENTE

No livro *Nudge* ("Empurrão"), Richard Thaler e Cass Sunstein apresentam uma abordagem para melhorar "decisões a respeito de saúde, riqueza e felicidade", entregando-as às redes inconscientes do cérebro. Um pequeno empurrão do ambiente pode mudar para melhor nosso comportamento e tomada de decisão, sem que estejamos conscientes disso. Colocar frutas no nível dos olhos dos consumidores em um supermercado leva as pessoas a tomar decisões alimentares mais saudáveis. Colar uma imagem de uma mosca em mictórios de aeroportos induz os homens a ter uma melhor pontaria. Inscrever automaticamente os funcionários em planos de aposentadoria (e dar a eles a liberdade de optar por participar ou não, se assim preferirem) leva a melhores práticas de poupança. Essa visão de governança é chamada de paternalismo brando, e Thaler e Sunstein acreditam que conduzir o cérebro inconsciente de modo suave tem uma influência muito mais forte sobre nossa tomada de decisão do que qualquer coação direta.

Tome como outro exemplo a influência inconsciente do "egotismo implícito", que descreve nossa atração a coisas que nos lembram de nós mesmos. Quando o psicólogo social Brett Pelham e sua equipe analisaram os registros de pós-graduados de faculdades de odontologia e direito, descobriram uma representação estatística maior de dentistas (*dentists*) chamados Dennis ou Denise, e de advogados (*lawyer*) de nome Laura ou Lawrence. Também descobriram que era mais provável que proprietários de empresas que constroem telhados (*roof*) tivessem um nome que começasse com R, enquanto o nome de donos de lojas de ferragens (*hardware*) provavelmente nome começavam com H. Mas será que só tomamos essas decisões quando escolhemos uma profissão? Bom, a vida amorosa também pode ser fortemente influenciada por essas semelhanças. Quando o psicólogo John Jones e seus colegas examinaram as certidões de casamento nos estados da Georgia e da Flórida, descobriram um número maior de casais que partilham a mesma inicial em seus nomes. Isso significa que é mais provável que Jenny se case com Joel, Alex com Amy e Donny com Daisy. Esse tipo de efeito inconsciente é pequeno, porém pode ser verificado.

E aqui está o ponto crítico: se você perguntasse a qualquer uma dessas Denises, Lauras ou Jennys por que escolheram uma profissão ou um parceiro, elas relatariam uma narrativa consciente. Mas essa narrativa não incluiria o longo alcance de seu inconsciente sobre algumas das decisões mais importantes que elas tomaram na vida.

Vejamos outro experimento criado pelo psicólogo Eckhard Hess em 1965. Homens foram solicitados a olhar fotografias de rostos femininos e fazer uma crítica. O quanto os rostos eram atraentes, em uma escala de 1 a 10? As expressões eram felizes ou tristes? Más ou gentis? Simpáticas ou antipáticas? Sem o conhecimento dos participantes, as fotografias tinham sido manipuladas. Em metade das fotos, as pupilas das mulheres estavam dilatadas artificialmente.

Os homens acharam mais atraentes as mulheres de olhos dilatados. Nenhum dos homens notou explicitamente nada no tamanho das pupilas das mulheres – e presumivelmente nenhum dos homens sabia que olhos dilatados são um sinal biológico de excitação feminina. Mas o cérebro deles sabia. Assim, os homens foram inconscientemente conduzidos para as mulheres de olhos dilatados e as acharam mais bonitas, mais felizes, mais gentis e mais simpáticas.

Na realidade, o amor costuma ser assim. Você se vê mais atraído a algumas pessoas do que a outras e, em geral, não é possível explicar precisamente o porquê. Presume-se que haja um motivo; você só não tem acesso a ele.

Em outro experimento, o psicólogo evolucionista Geoffrey Miller estimou o quanto uma mulher é sexualmente atraente a um homem, registrando os ganhos das dançarinas de uma boate de *strip*. Ele acompanhou como o quanto elas ganhavam mudava durante seu ciclo menstrual. O que aconteceu foi que os homens davam o dobro de gorjetas quando a dançarina estava ovulando (fértil) em comparação a quando ela estava menstruada (não fértil). Mas a parte estranha é que os homens não sabiam, de forma consciente, das alterações biológicas que acompanham o ciclo mensal – quando uma mulher ovula, uma alta do hormônio estrogênio altera sutilmente sua aparência, deixando as feições mais simétricas, a pele mais macia e a cintura mais estreita. Ainda assim, eles detectaram essas pistas de fertilidade, abaixo do radar da consciência.

Experimentos desse tipo revelam algo fundamental sobre a operação do cérebro. O trabalho do órgão é coletar informações sobre o mundo e conduzir seu comportamento apropriadamente. Não importa se sua consciência desperta está envolvida ou não. Na maior parte do tempo, ela não está. Na maior parte do tempo, você não está consciente das decisões que toma.

POR QUE SOMOS CONSCIENTES?

Então, por que não somos simplesmente seres inconscientes? Por que não andamos todos por aí como zumbis estúpidos? Por que a evolução construiu um cérebro que é consciente? Para responder a isso, imagine que está andando por uma rua do seu bairro, concentrado somente em você. De súbito, algo chama sua atenção: uma pessoa está mais à frente, vestida com uma fantasia de abelha gigante, segurando uma pasta. Se você observasse a abelha humana, notaria como as pessoas reagem quando a veem: interrompem sua rotina automática e olham-na fixamente.

A consciência é envolvida quando acontece o inesperado, quando precisamos entender o que faremos em seguida. Embora o cérebro tente operar o maior tempo possível no piloto automático, isso nem sempre é possível em um mundo cheio de surpresas.

Contudo, a consciência não é apenas uma reação a surpresas. Ela também tem um papel fundamental na resolução de conflitos dentro do cérebro. Bilhões de neurônios participam de tarefas que vão da respiração a andar por um quarto, de colocar comida na boca a dominar um esporte. Cada uma dessas tarefas é sustentada por vastas redes no mecanismo do cérebro. Mas o que acontece se houver um conflito? Digamos que você se veja estendendo a mão para pegar um sundae, mas, depois que o tiver terminado, vá se arrepender do que fez. Em tal situação, é preciso tomar uma decisão. Uma decisão que calcule o que é melhor para o organismo – você – e seus objetivos de longo prazo. A consciência é o sistema que tem esse ponto de observação singular, que nenhum outro subsistema do cérebro tem. Por esse motivo, a consciência pode ter o papel de árbitro dos bilhões de elementos em interação, subsistemas e processos em operação. Pode fazer planos e estabelecer metas para todo o sistema.

Penso na consciência como o diretor-executivo, o CEO de uma vasta corporação, com muitos milhares de subdivisões e departamentos que colaboram, interagem e competem de diferentes maneiras. As pequenas empresas não precisam de um CEO, mas, quando uma organização atinge porte e complexidade suficientes, requer um que se mantenha acima dos pormenores cotidianos e elabore a visão de longo prazo da empresa.

Embora tenha acesso a pouquíssimos detalhes da administração diária da empresa, o CEO sempre tem em mente a visão de longo prazo. O CEO é a visão mais abstrata que uma empresa tem de si. Em termos do cérebro, a consciência é um jeito de bilhões de células se enxergarem como um todo unificado, um meio de um sistema complexo colocar um espelho diante de si.

QUANDO A CONSCIÊNCIA SE PERDE

E se a consciência não despertar e ficarmos perdidos no piloto automático por tempo demais?

Ken Parks, de 23 anos, descobriu isso em 23 de maio de 1987, quando adormeceu em casa vendo TV. Na época, ele morava com a filha de cinco meses e a esposa e passava por dificuldades financeiras, problemas conjugais e vício em jogos. Ele pretendia discutir seus problemas com os sogros no dia seguinte. A sogra o considerava um "gigante gentil" e ele se entendia muito bem com os pais da mulher. A certa altura durante a noite, ele se levantou, dirigiu 23 quilômetros até a casa dos sogros, estrangulou o sogro e matou a sogra a facadas. Depois, Ken foi à delegacia mais próxima e disse ao policial: "Acho que acabei de matar alguém."

Ele não tinha lembrança do que aconteceu. Parece que, de algum modo, sua mente consciente esteve ausente durante o episódio terrível. O que houve de errado com o cérebro de Ken? A advogada dele, Marlys Edwardh, reuniu uma equipe de especialistas que ajudassem a entender o mistério. Logo começaram a suspeitar de que os eventos teriam alguma relação com o sono de Ken. Enquanto Ken estava na prisão, a advogada chamou o especialista em sono Roger Broughton, que mediu os sinais de EEG de Ken enquanto ele dormia à noite. O resultado registrado batia com o de um sonâmbulo.

Ao investigar mais a fundo, a equipe encontrou distúrbios no sono por toda a família ampliada de Ken. Como não havia motivo para o crime, nem formas de falsificar os resultados das análises feitas durante seu sono e considerando o extenso histórico familiar, ele foi absolvido da acusação de homicídio e libertado.

ENTÃO, QUEM ESTÁ NO CONTROLE?

Tudo isso pode fazer com que você se pergunte que controle realmente tem a mente consciente. Será possível que levemos a vida como marionetes, à mercê de um sistema que puxa as cordas e determina o que vamos fazer? Alguns acreditam que é assim e que a mente consciente não tem controle sobre o que fazemos.

Vamos explorar essa questão usando um exemplo simples. Você se dirige a uma bifurcação na estrada, onde pode entrar à direita ou à esquerda. Você não tem nenhuma obrigação de entrar em um ou outro caminho, mas hoje, neste momento, sente que quer entrar à direita e vai em frente. Mas por que você entrou à direita e não à esquerda? Porque teve vontade? Ou porque mecanismos inacessíveis em seu cérebro decidiram por você? Pense no seguinte: os sinais neurais que movem seus braços para girar o volante vêm do seu córtex motor, mas não têm origem ali. Eles são impelidos por outras regiões do lobo frontal, que, por sua vez, são impelidas por muitas outras partes do cérebro e assim por diante, em uma corrente complexa que entrecruza toda a rede cerebral. Jamais existe um tempo zero quando você decide fazer alguma coisa, porque cada neurônio no cérebro é impelido por outros neurônios; parece não haver uma parte do sistema que aja de forma independente em vez de reagir dependentemente. Sua decisão de virar à direita, ou à esquerda, remonta ao passado: segundos, minutos, dias, toda uma vida. Mesmo quando suas decisões parecem espontâneas, elas não existem de maneira isolada. Assim, quando você vai até aquela bifurcação na estrada carregando a história de sua vida inteira, quem exatamente é o responsável pela decisão? Essas considerações levam à questão profunda do livre-arbítrio. Se rebobinássemos a história cem vezes, ela seria sempre a mesma?

O SENTIMENTO DO LIVRE-ARBÍTRIO

Sentimos que temos autonomia – isto é, que tomamos nossas decisões livremente. Mas, em algumas circunstâncias, é possível demonstrar que este senso de autonomia é ilusório. O professor Alvaro Pascual-Leone, de Harvard, convocou participantes ao seu laboratório para um experimento simples.

Eles se sentaram com as mãos estendidas diante de uma tela de computador. Quando a tela ficasse vermelha, eles tomariam uma decisão íntima sobre qual mão iriam mover – mas, na realidade, não a mexeriam. Depois, a luz ficava amarela e, quando enfim ficava verde, a pessoa ativava o movimento pré-escolhido, erguendo ou a mão direita ou a esquerda.

Em seguida, os pesquisadores introduziram um truque. Eles usaram estimulação magnética transcraniana (EMT), que descarrega um pulso magnético e excita a área do cérebro abaixo dele, para estimular o córtex motor e dar início ao movimento na mão esquerda ou direita. Agora, durante a luz amarela, eles emitiam o pulso EMT (ou, na condição controle, apenas o som do pulso).

A intervenção EMT fez com que os participantes preferissem uma das mãos em detrimento de outra – por exemplo, um estímulo no córtex motor esquerdo aumentava a probabilidade de os participantes erguerem a mão direita. Mas a parte interessante foi que os participantes relataram a sensação de ter vontade de mexer a mão que era manipulada por EMT. Em outras palavras, internamente, eles podiam decidir mover a mão esquerda durante a luz vermelha, mas, depois do estímulo durante a luz amarela, sentiam que, na realidade, queriam mexer a mão direita o tempo todo. Embora a EMT induzisse o movimento na mão, muitos participantes sentiam que tomavam decisões por seu livre-arbítrio. Pascual-Leone conta que os participantes disseram com frequência que pretendiam mudar sua decisão. Qualquer que fosse a ação que o cérebro executasse, eles assumiam o crédito por ela como se fosse livremente escolhida. A mente consciente se sobressai por contar para si a narrativa de que está no controle.

Experimentos como esse expõem a natureza problemática de confiar em nossa intuição quanto à liberdade das decisões. No momento, a neurociência não tem os experimentos perfeitos para excluir inteiramente o livre-arbítrio – este é um tema complexo e nossa ciência talvez seja jovem demais para o abordar em sua totalidade. Mas vamos alimentar por um instante a perspectiva de que não existe livre-arbítrio. Quando você chega àquela bifurcação da estrada, a sua decisão é predeterminada. Diante disso, uma vida que é previsível não parece valer a pena.

A boa notícia é que, graças à imensa complexidade do cérebro, na realidade, nada é previsível. Imagine um tanque com fileiras de bolas de pingue-pongue no fundo, cada uma delas delicadamente posicionada em uma ratoeira armada e preparada. Se você largasse mais uma bola de pingue-pongue do alto, deveria ser relativamente simples fazer uma previsão matemática de onde elas cairiam. Mas assim que essa bola bate no fundo do tanque, tem início uma reação em cadeia imprevisível. Ela estimula outras bolas a voarem de suas ratoeiras, estas estimulam outras bolas, e a situação rapidamente explode em complexidade. Qualquer erro na previsão inicial, por menor que seja, é ampliado à medida que as bolas se chocam e ricocheteiam nas laterais, caindo em outras bolas. Logo é inteiramente impossível fazer qualquer previsão sobre onde as bolas estarão.

Nosso cérebro é como esse tanque de bolas de pingue-pongue, porém imensamente mais complexo. Talvez você consiga encaixar algumas centenas de bolas em um tanque, mas o seu crânio abriga trilhões de vezes mais interações do que o tanque e ricocheteia continuamente em cada segundo de sua vida. É dessas inumeráveis trocas de energia que surgem seus pensamentos, sentimentos e decisões.

E isso é só o começo da imprevisibilidade. Cada cérebro é integrado a um mundo de outros cérebros. Pelo espaço de uma mesa de jantar, da extensão de uma sala de aula ou do alcance da internet, todos os neurônios humanos do planeta se influenciam mutuamente, criando um sistema de complexidade inimaginável. Isso significa que, embora os neurônios obedeçam a regras físicas simples, na prática será sempre impossível prever exatamente o que qualquer indivíduo fará.

Essa complexidade titânica nos dá discernimento suficiente para entender uma realidade simples: nossa vida é conduzida por forças que estão muito além de nossa capacidade de consciência ou controle.

4

COMO EU DECIDO?

Tomo um sorvete ou não? Respondo a este e-mail agora ou depois? Qual sapato devo usar? Nossos dias são formados de milhares de pequenas decisões: o que fazer, que caminho pegar, como responder, tomar parte em algo ou não. As primeiras teorias de tomada de decisão supunham que o homem é um agente racional, calculando os prós e contras das opções para chegar a uma decisão ideal. Porém, as observações científicas da tomada de decisão humana não sustentam isso. O cérebro é composto de redes múltiplas e concorrentes, e cada uma delas tem seus próprios objetivos e desejos. Quando decidimos se vamos ou não devorar um sorvete, algumas redes em seu cérebro querem o açúcar; outras redes votam contra, com base em considerações de longo prazo relacionadas com a vaidade; outras redes suge-

rem que talvez você possa tomar um sorvete se prometer para si mesmo que irá à academia amanhã. Seu cérebro é como um parlamento neural, composto de partidos políticos rivais que lutam para comandar o Estado. Às vezes, você toma uma decisão egoísta; outras vezes, uma decisão generosa; em algumas ocasiões age por impulso e em outras leva em conta o longo prazo. Somos criaturas complexas porque somos compostos de muitos impulsos e todos eles querem ter o controle.

O SOM DE UMA DECISÃO

Na mesa de cirurgia, um paciente chamado Jim é submetido a uma operação no cérebro para fazer cessar os tremores da mão. Fios longos e finos chamados eletrodos foram baixados no cérebro de Jim pelo neurocirurgião. Pela aplicação de uma pequena corrente elétrica através dos fios, os padrões de atividade nos neurônios de Jim podem ser ajustados, reduzindo seus tremores.

Os eletrodos criam uma oportunidade especial de entreouvir a atividade de neurônios isolados. Os neurônios conversam por meio de picos elétricos chamados potenciais de ação, mas esses sinais são mínimos e invisíveis. Assim, cirurgiões e pesquisadores costumam passar os sinais elétricos mínimos por um amplificador. Dessa forma, uma alteração minúscula na voltagem (um décimo de volt que dura um milésimo de segundo) é transformada em um estalo audível!

À medida que o eletrodo é baixado por diferentes regiões do cérebro, um ouvido treinado pode reconhecer os padrões de atividade dessas regiões. Alguns locais são caracterizados por "*pop! pop! pop!*", enquanto outros têm um som bem diferente: "*pop!... poppop!... pop!*". É como se, de repente, ouvíssemos a conversa de algumas pessoas em algum lugar aleatório pelo planeta: como as pessoas que você está ouvindo terão trabalhos específicos em culturas diversas, elas vão levar conversas muito diferentes.

    Estou na sala de cirurgia como pesquisador: enquanto meu colega realiza a operação, meu objetivo é compreender melhor como o cérebro toma decisões. Para isso, peço a Jim para realizar diferentes tarefas, como falar, ler, olhar, decidir, a fim de determinar o que está correlacionado com a atividade de seus neurônios. Como o cérebro não tem receptores para a dor, um paciente pode ficar acordado durante a cirurgia. Peço a Jim para olhar uma imagem simples enquanto estamos gravando.

O que acontece em seu cérebro quando você vê a velha?
O que muda quando você vê a jovem?

Na figura, você pode ver uma jovem de chapéu, com a cara virada. Agora, tente encontrar outro jeito de interpretar a mesma imagem: uma velha com o rosto voltado para baixo e para a esquerda. Esta imagem pode ser vista de uma entre duas maneiras (o que é conhecido como biestabilidade perceptiva): os traços na página são coerentes com duas interpretações muito diferentes. Ao olhar fixamente a figura, você vê uma versão; finalmente, a outra; em seguida, a primeira de novo e assim por diante. Esta é a parte que importa: nada muda na página física. Então, se Jim afirma que a imagem virou, isso se deve a algo que mudou dentro de seu cérebro.

No momento em que ele vê a jovem, ou a velha, seu cérebro tomou uma decisão. Uma decisão não precisa ser consciente; neste caso, é uma decisão perceptiva do sistema visual de Jim, e a mecânica da alteração está interna e completamente escondida. Em tese, o cérebro deve conseguir ver a jovem e a velha ao mesmo tempo, porém, na realidade, o cérebro não faz isso. Por reflexo, ele apreende algo ambíguo e escolhe. Por fim, refaz a escolha e pode passar de uma a outra sem parar. Mas nosso cérebro está sempre reprimindo a ambiguidade nas escolhas.

Deste modo, quando o cérebro de Jim chega a uma interpretação da jovem, ou da velha, podemos ouvir as reações de um pequeno número de neurônios. Alguns saltam a uma taxa mais alta de atividade (*"poppop! pop! pop!"*), enquanto outros neurônios reduzem o ritmo (*"pop!... pop! pop!... pop!"*). Nem sempre se trata de velocidade aumentada e reduzida: às vezes, os neurônios alteram o padrão de atividade de formas mais sutis, tornando-se sincronizados ou perdendo sincronia com outros neurônios mesmo enquanto mantêm o ritmo original.

Os neurônios que espionamos não são responsáveis, por si, pela alteração perceptiva. Na verdade, eles operam em harmonia com bilhões de outros neurônios, então as mudanças que podemos testemunhar são apenas o reflexo de um padrão cambiante que se estabelece pelas grandes extensões de território cerebral. Quando um padrão vence outro no cérebro de Jim, foi tomada uma decisão.

O seu cérebro toma milhares de decisões em cada dia da sua vida, ditando sua experiência do mundo. Decisões como que roupa vestir, a quem telefonar, como interpretar um comentário espontâneo, responder ou não a um e-mail ou quando sair são a base de cada ação e pensamento. Quem você é surge das batalhas que assolam todo o cérebro pelo domínio de seu crânio em cada momento da vida.

É impossível não ficar assombrado ao ouvir a atividade neural de Jim: "*pop! pop! pop!*". Afinal, é assim que soa cada decisão na história da nossa espécie. Cada proposta de casamento, cada declaração de guerra, cada voo de imaginação, cada missão lançada ao desconhecido, ato de gentileza, mentira, inovação eufórica, cada momento decisivo. Tudo isso aconteceu bem ali, na escuridão do crânio, surgindo de padrões de atividade em redes de células biológicas.

O CÉREBRO É UMA MÁQUINA FORMADA DO CONFLITO

Vamos dar uma olhada mais atenta no que está acontecendo nos bastidores durante uma decisão. Imagine que você está tomando uma decisão simples, parado na loja de *frozen yogurt*, tentando escolher entre dois sabores de que gosta igualmente. Digamos que sejam hortelã e limão. Do lado de fora, não parece que você está fazendo grande coisa: simplesmente está empacado ali, olhando entre uma opção e outra. Mas, dentro de seu cérebro, uma simples decisão como essa desencadeia um furacão de atividade.

Sozinho, um neurônio não tem influência significativa, mas cada neurônio está conectado a milhares de outros. Estes, por sua vez, conectam-se com outros milhares e assim por diante, em uma rede cheia de voltas e entrelaçamentos. Todos liberam substâncias químicas que excitam ou deprimem outros neurônios.

Dentro desta teia, uma determinada constelação de neurônios representa o sabor hortelã. Esse padrão é formado de neurônios que se excitam mutuamente. Eles não estão necessariamente lado a lado, podem cobrir regiões distantes do cérebro envolvidas no olfato, paladar, visão e em seu histórico único de lembranças envolvendo hortelã. Cada um desses neurônios, sozinho, tem pouca relação com hortelã – na realidade, cada neurônio desempenha muitos papéis, em diferentes momentos, em coalizões que sempre se alteram. Porém, quando todos esses neurônios se tornam ativos coletivamente, nesse determinado arranjo... eles significam "hortelã" para o seu cérebro. Enquanto você está na frente da seleção de iogurtes, essa federação de neurônios se comunica avidamente como indivíduos dispersos conectados on-line.

Esses neurônios não estão agindo sozinhos em suas manobras eleitorais. Ao mesmo tempo, a possibilidade concorrente – o limão – é representada por seu próprio partido neural. Cada coalizão – hortelã e limão – tenta ganhar vantagem, intensificando a própria atividade e reprimindo a da outra. Lutam até que uma delas triunfa numa competição em que o vencedor leva tudo. A rede vencedora define o que você fará.

Diferentemente dos computadores, o cérebro encena o conflito entre possibilidades diversas e todas tentam superar as outras. E sempre existem múltiplas opções. Mesmo depois de ter escolhido hortelã ou limão, você se vê em um novo conflito: deve devorar a coisa toda? Parte de você quer a deliciosa fonte de energia e, ao mesmo tempo, a outra parte sabe que aquilo é puro açúcar – em vez de comer, você poderia correr. Limpar todo o pote de *frozen yogurt* é simplesmente uma questão de como se resolve esse corpo a corpo.

Como consequência dos conflitos contínuos no cérebro, podemos discutir com nós mesmos, xingar e nos persuadir a tomar certas decisões. Mas quem exatamente está falando com quem? Tudo é você – mas são diferentes partes de você.

Para desenredar parte dos principais sistemas concorrentes no cérebro, pense em um experimento de raciocínio

O CÉREBRO DIVIDIDO: DESMASCARANDO O CONFLITO

Em circunstâncias especiais, é particularmente fácil testemunhar o conflito interno entre as diferentes partes do cérebro. Como um tratamento para determinadas formas de epilepsia, alguns pacientes se submetem a uma cirurgia de "cérebro dividido", em que os dois hemisférios do cérebro são desconectados. Normalmente, os dois hemisférios são conectados por uma supervia de nervos chamada corpo caloso, que permite que as metades direita e esquerda se coordenem e trabalhem em harmonia. Se você sente frio, as duas mãos cooperam: uma segura a bainha do casaco enquanto a outra puxa o zíper.

Mas, quando o corpo caloso é seccionado, pode surgir um problema clínico extraordinário e inquietante: a síndrome da mão estranha. As duas mãos podem agir com intenções inteiramente diferentes: o paciente começa a puxar para cima o zíper do casaco com uma das mãos e a outra (a mão "estranha") de repente segura o zíper e o puxa para baixo. Ou o paciente estende uma das mãos para pegar um biscoito e a outra mão entra em ação rapidamente, batendo nela para impedi-la. O conflito normal que acontece no cérebro é revelado quando os dois hemisférios agem de forma independente.

A síndrome da mão estranha normalmente desaparece nas semanas depois da cirurgia, à medida que as duas metades do cérebro tiram proveito das ligações restantes e voltam a se coordenar. Mas serve como demonstração clara de que, mesmo quando pensamos ser decididos, nossos atos são fruto de batalhas imensas que surgem e desaparecem continuamente na escuridão do crânio.

conhecido como o "dilema do bonde". Um bonde desce descontrolado pelos trilhos. Quatro trabalhadores estão fazendo reparos um pouco à frente, e você, um espectador, rapidamente percebe que todos serão mortos pelo bonde desenfreado. Então, você percebe uma alavanca próxima que pode desviar o bonde para outro trilho. Mas espere! Há uma pessoa trabalhando naquele trilho. Assim, se puxar a alavanca, um trabalhador será morto. Se não puxar, quatro morrerão. O que você faz?

O dilema do bonde. Quando indagadas o que fariam nessa hipótese, quase todas as pessoas puxam a alavanca. Afinal, é muito melhor que morra uma só pessoa do que quatro, certo?

Agora pense numa segunda hipótese um pouco diferente. A situação começa com a mesma premissa: um bonde desce desenfreado pelos trilhos e quatro trabalhadores serão mortos. Mas, dessa vez, você está no deque de uma torre de caixa d'água que dá para os trilhos e percebe que há um grandalhão de pé ali com você, olhando para longe.

Você se dá conta de que, se o empurrar, ele caíra em cheio no trilho, e o peso de seu corpo será suficiente para deter o bonde e salvar os quatro trabalhadores.

O dilema do bonde, hipótese 2. Nessa situação, quase ninguém se dispõe a empurrar o homem. Por que não? Quando indagadas, as pessoas dão respostas como "seria assassinato" e "simplesmente seria errado".

Você o empurra?

Mas espere. Não estão lhe pedindo para considerar a mesma equação nos dois casos? Trocar uma vida por quatro? Por que o resultado é tão diferente na segunda hipótese? A ética se voltou para este problema de muitos ângulos, mas o neuroimageamento tem conseguido dar uma resposta bem simples. Para o cérebro, a primeira hipótese é um simples problema de matemática. O dilema ativa regiões envolvidas na solução de problemas lógicos.

"Puxo a alavanca?"

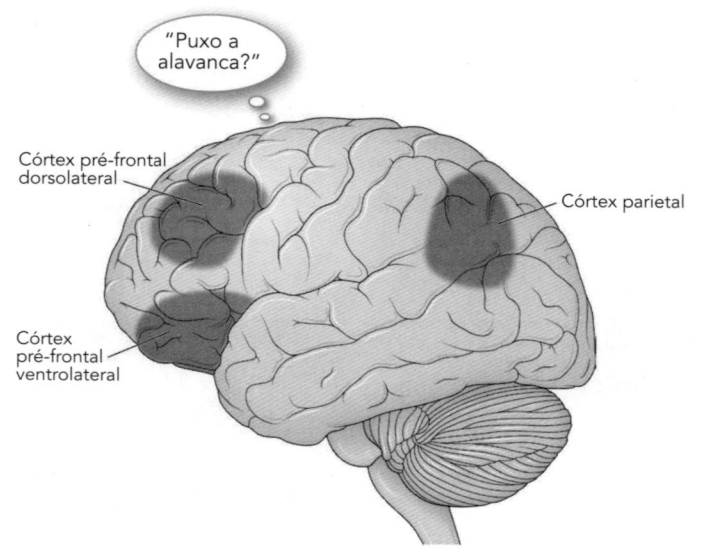

Córtex pré-frontal dorsolateral

Córtex parietal

Córtex pré-frontal ventrolateral

Várias regiões do cérebro são mais empregadas na solução de problemas lógicos.

Na segunda hipótese, você tem de interagir fisicamente com o homem e empurrá-lo para a morte. Isto recruta redes adicionais para a decisão: regiões do cérebro envolvidas na emoção.

Na segunda hipótese, somos apanhados em conflito entre dois sistemas que têm opiniões diferentes. Nossas redes racionais nos dizem que uma morte é melhor do que quatro, mas nossas redes emocionais estimulam um sentimento visceral de que é errado assassinar o espectador. Ficamos presos entre impulsos competitivos, com a consequência de que nossa decisão provavelmente será bem diferente daquela da primeira hipótese.

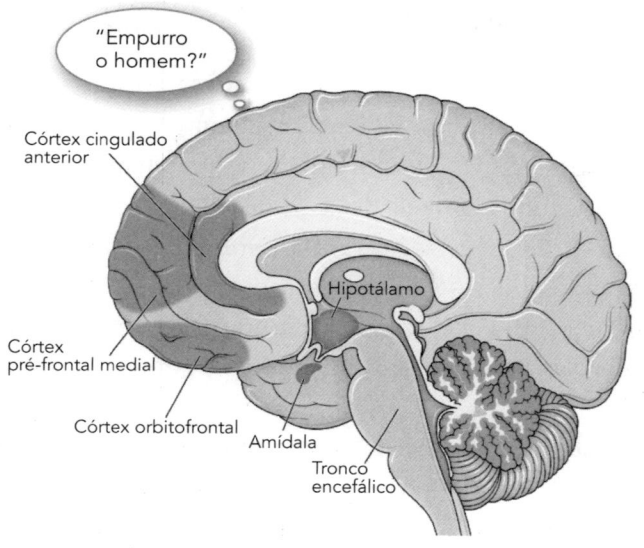

Ao considerar empurrar um homem inocente para a morte, as redes envolvidas nas emoções são mais comprometidas na tomada de decisão, e isso pode alterar o resultado.

O dilema do bonde esclarece situações do mundo real. Pense na guerra moderna, que ficou muito mais parecida com o puxão na alavanca do que com empurrar o homem da torre. Quando uma pessoa aperta o botão para lançar um míssil de longo alcance, o ato envolve apenas as redes que participam da solução de problemas lógicos. Operar um drone pode ser parecido com um videogame; os ciberataques têm consequências a distância. Aqui, estão em operação as redes racionais, mas não necessariamente as emocionais. A natureza alheia da guerra a distância reduz o conflito íntimo, tornando mais fácil guerrear.

Uma pessoa sábia sugeriu que o botão para lançar mísseis nucleares fosse implantado no peito do melhor amigo do presidente. Desta forma, se ele decidisse lançar armas nucleares, teria de infligir violência física ao amigo, abrindo-o. Essa consideração recrutaria redes emocionais para a decisão. Quando diante de decisões de vida ou morte, a razão sem controle pode ser perigosa. Nossas emoções são um eleitorado poderoso, frequentemente criterioso, e seria negligência nossa excluí-lo da votação parlamentar. O mundo não seria melhor se todos nos comportássemos como robôs.

Embora a neurociência seja nova, essa intuição tem uma longa história. Os gregos antigos sugeriam que devíamos pensar na vida como carruagens. Somos carroceiros tentando segurar dois cavalos: o cavalo branco da razão e o cavalo preto da paixão. Cada cavalo tenta sair do eixo, puxando em direções contrárias. O seu trabalho é manter o controle de ambos, conduzindo-os pelo meio da estrada.

Na realidade, à moda neurocientífica, podemos desmascarar a importância das emoções vendo o que acontece quando alguém perde a capacidade de incluí-las na tomada de decisão.

OS ESTADOS DO CORPO
O AJUDAM A DECIDIR

As emoções fazem mais do que dar riqueza a nossa vida – também são o segredo por trás de como dirigimos o que fazemos em cada momento. Isso é ilustrado quando vemos a situação de Tammy Myers, ex-engenheira que sofreu um acidente de motocicleta. Como consequência, houve dano ao córtex orbitofrontal, a região que fica pouco acima das órbitas dos olhos. Essa região do cérebro é fundamental para integrar sinais que fluem do corpo – sinais que dizem ao resto do cérebro em que estado se encontra seu corpo: com fome, nervoso, excitado, constrangido, com sede, alegre.

Tammy não se parece com alguém que sofreu uma lesão cerebral traumática. Mas, se você passasse pelo menos cinco minutos com ela, notaria que existe um problema com a capacidade que ela tem de lidar com as decisões cotidianas. Embora ela possa descrever todos os prós e contras de uma escolha que precisa fazer, mesmo as situações mais simples a deixam atolada na indecisão. Como Tammy não pode mais interpretar os sumários emocionais do corpo, as decisões são incrivelmente complicadas. Agora, nenhuma escolha é palpavelmente diferente de outra. Quando não se tomam decisões, pouco se faz. Tammy afirma que costuma passar o dia todo no sofá.

A lesão cerebral de Tammy nos diz algo fundamental sobre a tomada de decisão. É fácil pensar no cérebro comandando o corpo do alto – mas o cérebro recebe respostas constantes do corpo. Os sinais físicos do corpo dão um breve resumo do que está acontecendo e do que fazer a respeito. Para chegar a uma escolha, o corpo e o cérebro precisam estar em comunicação íntima.

Pense nessa situação: você recebeu por engano um pacote endereçado a seus vizinhos. Mas, à medida que se aproxima do portão do jardim, o cachorro deles rosna e arreganha os dentes. Você abre o portão e corre para a porta? Aqui, o fator decisivo não é o seu conhecimento da estatística de ataques de cães – é a postura ameaçadora do cachorro que estimula um conjunto de reações fisiológicas em seu corpo: aumento do batimento cardíaco, estreitamento nos intestinos, tensão dos músculos, dilatação das pupilas, alteração nos hormônios sanguíneos, abertura de glândulas sudoríparas e assim por diante. Essas reações são automáticas e inconscientes.

Nesse momento, parado ali, com a mão na tranca do portão, são muitas as informações externas que você pode avaliar (por exemplo, a cor da coleira do cachorro), mas o que o seu cérebro realmente precisa saber é se você deve enfrentar o cachorro ou entregar o pacote em outra ocasião. O estado de seu corpo o ajuda nessa tarefa: serve como um sumário da situação. Seus sinais fisiológicos podem ser considerados uma manchete em baixa resolução: "Isto não é bom" ou "Não tem problema". E eles ajudam o cérebro a decidir o que fazer.

Todo dia, lemos os estados de nosso corpo desse jeito. Na maioria das situações, os sinais fisiológicos são mais sutis e ficamos inclinados a não ter consciência deles. Porém, esses sinais são essenciais para conduzir as decisões que precisamos tomar. Imagine-se em um supermercado: esse é o tipo de lugar que deixa Tammy paralisada de indecisão. Qual maçã? Que pão? Que sorvete? Milhares de opções caem sobre os consumidores, e assim passamos centenas de horas na vida parados nos corredores, tentando fazer com que nossas redes neurais tomem uma decisão em detrimento de outra. Embora comumente não percebamos isso, nosso corpo nos ajuda a percorrer essa complexidade assustadora.

Pense na decisão de que tipo de sopa comprar. São muitas as informações com que você deve lutar: calorias, preço, teor de sal, sabor, embalagem e assim por diante. Se você fosse um robô, ficaria empacado o dia todo tentando tomar uma decisão, sem nenhum meio evidente de acertar que informações são mais importantes. Para chegar a uma decisão, você precisa de algum sumário. E é isto que a resposta do seu corpo é capaz de lhe dar. Pensar em seu orçamento pode provocar transpiração nas palmas, ou você pode salivar quando pensa na última vez em que tomou sopa de macarrão com frango, ou notar que outra sopa, que é cremosa demais, pode causar cólicas intestinais. Você simula a experiência com uma sopa, depois com outra. Sua experiência corporal ajuda o cérebro a rapidamente dar um valor à sopa A, outro à sopa B, permitindo que você pese a balança em uma ou outra direção. Você não apenas extrai as informações das latas de sopa como sente as informações. Essas marcas emocionais são mais sutis do que aquelas relacionadas com o enfrentamento de um cachorro latindo, mas a ideia é a mesma: cada escolha tem uma marca corporal, o que o ajuda a decidir.

Anteriormente, quando você estava decidindo entre o *frozen yogurt* de hortelã ou o de limão, houve uma batalha entre redes. Os estados fisiológicos do corpo eram a chave que ajudava a desequilibrar esta batalha, que permitiu que uma rede vencesse outra. Devido ao dano cerebral, Tammy não tem a capacidade de integrar os sinais corporais em sua tomada de decisão. Assim, ela não tem como comparar rapidamente o valor geral entre opções, nem tem como priorizar as dezenas de informações que pode articular. Por isso, Tammy fica no sofá na maior parte do tempo: nenhuma das opções diante dela tem algum valor emocional particular. Não há como ceder a uma rede em detrimento de qualquer outra. O debate no parlamento neural continua em um impasse.

Como a mente consciente tem largura de banda baixa, em geral você não tem pleno acesso aos sinais corporais que pesam nas decisões. A maior parte da ação no seu corpo vive muito abaixo da consciência. Todavia, os sinais podem ter consequências de longo alcance sobre o tipo de pessoa que você acredita ser. Por exemplo, o neurocientista Read Montague descobriu uma ligação entre a opinião política de uma pessoa e o caráter das suas reações emocionais. Ele coloca os participantes em uma varredura cerebral e mede a reação a uma série de imagens, como fezes, cadáveres e comida coberta de insetos, escolhidas para evocar uma resposta de repulsa. Quando eles saem do aparelho, são indagados se gostariam de participar de outro experimento. Se disserem "sim", têm dez minutos para responder a um levantamento sobre ideologia política, com perguntas sobre seus sentimentos com relação ao controle de armas, aborto, sexo antes do casamento e assim por diante. Montague descobriu que, quanto mais enojado o participante fica com as imagens, mais politicamente conservador ele deve ser. Quanto menos enojado, mais liberal. A correlação é tão forte, que a reação neural de uma pessoa a uma única imagem repulsiva prevê sua pontuação no teste de ideologia política com uma precisão de 95%. A orientação política surge na interseção do mental com o corporal.

VIAJANDO PARA O FUTURO

Cada decisão envolve nossas experiências passadas (armazenadas nos estados do corpo), bem como a situação presente (será que tenho dinheiro suficiente para comprar X e não Y? A opção Z está disponível?). Mas existe outra parte na história das decisões: as previsões do futuro.

Por todo o reino animal, cada criatura é equipada para procurar recompensas. O que é uma recompensa? Essencialmente, é algo que moverá o corpo para mais perto da solução ideal. A água é uma recompensa quando seu corpo está ficando desidratado, a comida é uma recompensa quando suas reservas de energia caem. Água e comida são chamadas recompensas primárias, que atendem diretamente a necessidades biológicas. Porém, de forma mais geral, o comportamento humano é conduzido por recompensas secundárias, que preveem recompensas primárias. Por exemplo, a visão de um retângulo de metal não seria em si grande coisa para seu cérebro, mas, como você aprendeu a reconhecê-lo como uma fonte de água, sua visão dele vem a ser recompensadora quando você tem sede. No caso da espécie humana, podemos achar recompensadores até conceitos muito abstratos, como a sensação de que somos valorizados pela comunidade onde vivemos. E, diferentemente dos animais, em geral podemos colocar essas recompensas à frente das necessidades biológicas. Como observa Read Montague, "tubarões não fazem greve de fome": o restante do reino animal busca somente suas necessidades básicas, enquanto só a espécie humana ignora essas necessidades em deferência a ideais abstratos. Assim, quando estamos diante de um leque de possibilidades, integramos informações internas e externas para tentar maximizar a recompensa, mesmo que isso nos limite como indivíduos.

O desafio em qualquer recompensa, seja básica ou abstrata, é que, em geral, as escolhas não geram frutos prontamente. Quase sempre temos de tomar decisões em que um curso de ação escolhido produz uma recompensa muito depois. As pessoas estudam durante anos porque valorizam o conceito futuro de ter um diploma, escravizam-se em um emprego de que não gostam na esperança de uma futura promoção e se obrigam a fazer exercícios dolorosos com o objetivo de ter uma boa forma física.

Comparar opções diferentes significa atribuir um valor a cada uma delas em uma moeda comum, a da recompensa prevista, e depois escolher aquela que tem valor maior. Pense nesta hipótese: tenho algum tempo livre e tento decidir o que fazer. Preciso fazer compras, mas também sei que preciso ir a uma cafeteria e trabalhar em uma petição de verba para meu laboratório, porque o prazo final está se aproximando. Também quero passear com meu filho no parque. Como posso arbitrar esse cardápio de opções?

É claro que seria fácil se eu pudesse comparar diretamente essas experiências vivendo cada uma delas, depois voltar no tempo e, por fim, escolher meu caminho com base no resultado que foi melhor. Infelizmente, não posso viajar no tempo.

Ou posso?

Viajar no tempo é algo que o cérebro humano faz incansavelmente. Quando está diante de uma decisão, nosso cérebro simula resultados diferentes para gerar um modelo do que pode ser nosso futuro. Mentalmente, podemos nos desligar do momento presente e viajar a um mundo que ainda não existe.

Agora, simular uma hipótese em minha mente é só o primeiro passo. Para decidir entre as hipóteses imaginadas, procuro estimar qual será a recompensa em cada um dos possíveis futuros. Quando simulo encher minha despensa com mantimentos, tenho uma sensação de alívio por me organizar e evitar a incerteza. A verba traz recompensas diferentes: não só dinheiro para o laboratório, mas, de forma mais geral, a glória para o chefe de meu departamento e um senso recompensador de realização em minha carreira. Imaginar que estou no parque com meu filho inspira alegria e um senso de recompensa em termos de proximidade familiar. Tomarei minha decisão final dependendo de como cada futuro se compara com os outros na moeda comum de meus sistemas de recompensa. A decisão não é fácil, porque todas essas estimativas são nuançadas: a simulação da compra de mantimentos é acompanhada por sentimentos de tédio; a redação da petição de verba é acompanhada pela frustração; o parque com a culpa por não terminar o trabalho. Em geral, abaixo do radar da consciência, meu cérebro simula todas as opções, uma de cada vez, e faz uma avaliação de cada uma delas. É assim que eu decido.

Como posso simular com precisão esses futuros? Posso prever como realmente será percorrer esses caminhos? A resposta é que não posso: não existe meio de saber se minhas previsões serão precisas. Todas as minhas simulações são baseadas apenas em minhas experiências do passado e em meus modelos atuais de como funciona o mundo. Como todos no reino animal, não podemos vagar por aí na esperança de descobrir ao acaso o que resulta em recompensa futura ou não. Em vez disso, a questão fundamental do cérebro é prever. E, para fazer isso razoavelmente bem, precisamos aprender continuamente sobre o mundo a partir de cada experiência que vivemos. Assim, nesse caso, atribuo valor a cada uma dessas opções com base em minhas experiências do passado. Usando os estúdios de Hollywood de nossa mente, viajamos no tempo a nossos futuros imaginados para ver quanto valor eles terão. E é assim que tomo minhas decisões, comparando futuros possíveis. É assim que converto opções concorrentes em uma moeda comum de recompensa futura.

Pense no valor de minha recompensa prevista para cada opção como uma avaliação íntima que armazena o quanto uma coisa será boa. Como comprar mantimentos vai me abastecer de comida, digamos que seu valor seja de 10 unidades de recompensa. Redigir o pedido de verba é complicado, mas necessário para minha carreira, então o peso é de 25 unidades de recompensa. Adoro ficar com meu filho, então, ir ao parque vale 50 unidades de recompensa.

Mas aqui há uma reviravolta interessante: o mundo é complicado e nossas avaliações íntimas nunca são imutáveis. Sua avaliação de tudo pode mudar, porque, com muita frequência, nossas previsões não combinam com o que realmente acontece. A chave para o aprendizado eficaz está em localizar o *desvio de previsão*: a diferença entre o resultado esperado de uma decisão e o resultado que de fato ocorreu.

No caso de hoje, meu cérebro tem uma previsão sobre o quanto será recompensador o passeio no parque. Se encontrarmos amigos por lá e por acaso for ainda melhor do que eu pensava, isso aumentará a avaliação da próxima vez que eu tomar essa decisão. Por outro lado, se os balanços estiverem quebrados e chover, minha avaliação na próxima ocasião será reduzida.

Como isso funciona? Existe um sistema antigo e mínimo no cérebro cuja missão é manter atualizadas suas avaliações do mundo. Este sistema é composto de grupos mínimos de células em seu mesencéfalo que falam a língua de um neurotransmissor chamado dopamina.

Quando há um descompasso entre sua expectativa e a realidade, esse sistema de dopamina do mesencéfalo transmite um sinal que reavalia o nível do preço. Esse sinal diz ao resto do sistema se as coisas ocorreram de forma melhor do que o esperado (um aumento explosivo de dopamina), ou pior (uma diminuição na dopamina). Esse sinal de desvio de previsão permite que o resto do cérebro ajuste as expectativas para que, da próxima vez, tente se aproximar mais da realidade. A dopamina age como um corretor de erros:

um avaliador químico que sempre se esforça para que nossas avaliações sejam atualizadas ao máximo possível. Desse modo, você pode priorizar as decisões com base em suas conjecturas otimizadas sobre o futuro.

Fundamentalmente, o cérebro é sintonizado para detectar resultados inesperados – e essa sensibilidade está no cerne da capacidade animal de se adaptar e aprender. Não surpreende, então, que a arquitetura do cérebro envolvida no aprendizado a partir da experiência seja coerente entre espécies, das abelhas à humana. Isso sugere que os cérebros descobriram os princípios básicos do aprendizado pela recompensa há muito tempo.

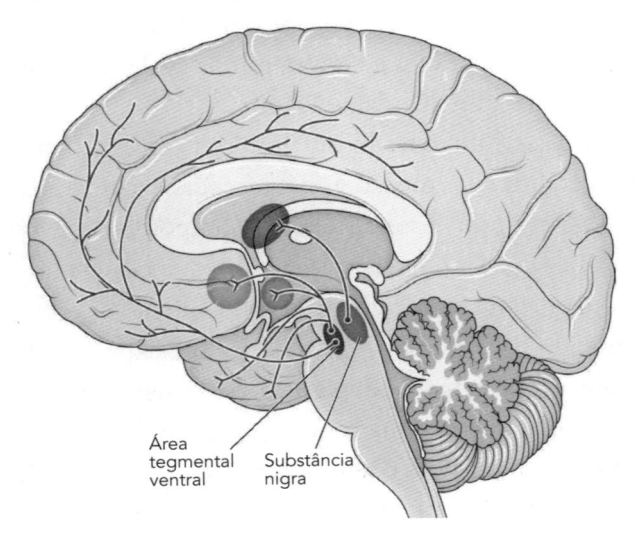

Os neurônios que liberam dopamina, envolvidos na tomada de decisões, estão concentrados em regiões mínimas do cérebro chamadas área tegmental ventral e substância nigra. Apesar do tamanho diminuto, elas têm um alcance amplo, transmitindo atualizações quando o valor previsto de uma decisão se revela alto ou baixo demais.

O PODER DO AGORA

Vimos como os valores são ligados a diferentes opções. Mas existe um capricho que costuma atrapalhar a boa tomada de decisão: as opções que estão diante de nós tendem a receber valor mais alto do que aquelas que meramente simulamos. O que atrapalha a boa tomada de decisão a respeito do futuro é o presente.

Em 2008, a economia norte-americana sofreu um declínio acentuado. No cerne do problema, estava o simples fato de que muitos proprietários de imóveis estavam endividados demais. Eles tomaram empréstimos que ofereciam taxas de juros maravilhosamente baixas pelo período de alguns anos. O problema ocorreu no fim do período de experiência, quando as taxas aumentaram. A taxas mais elevadas, muitos proprietários se viram incapazes de fazer os pagamentos. Perto de um milhão de imóveis teve execução de hipotecas, provocando ondas secundárias por toda a economia do planeta.

Que relação tem esse desastre com as redes concorrentes no cérebro? Esses empréstimos de risco (*subprime loans*) permitiram que as pessoas adquirissem boas casas no momento atual, adiando as taxas altas. Desse modo, a oferta teve um apelo perfeito às redes neurais que desejam a recompensa imediata – isto é, aquelas redes que querem as coisas já. Como a sedução da satisfação imediata exerce pressão muito forte sobre nossa tomada de decisão, a bolha habitacional pode ser compreendida não apenas como um fenômeno econômico, mas também neural.

A pressão do agora não ocorreu apenas sobre quem tomava empréstimos, naturalmente, mas também sobre as instituições financeiras, que enriqueciam oferecendo empréstimos que não seriam pagos. Elas criaram novas condições para os empréstimos e os liquidaram. Essas práticas são antiéticas, mas a tentação foi demasiadamente sedutora para muitos milhares de pessoas.

A batalha do agora contra o futuro não é válida apenas nas bolhas habitacionais, ela atravessa cada aspecto de nossa vida. É por isso que os vendedores de carro querem que você entre e faça um *test-drive*, por isso as lojas de roupas querem que você experimente as peças, os vendedores querem que você toque a mercadoria. Suas simulações mentais não conseguem competir com a experiência de algo aqui e agora.

Para o cérebro, o futuro só pode ser uma sombra pálida do agora. O poder do agora explica por que as pessoas tomam decisões que, no momento, parecem boas, mas têm consequências ruins no futuro: quem toma uma bebida ou uma droga mesmo que saiba que não devia; atletas que fazem uso de esteroides anabolizantes, embora estes possam subtrair anos de suas vidas; parceiros casados que têm casos extraconjugais.

Será que podemos fazer alguma coisa com a sedução do agora? Graças aos sistemas concorrentes no cérebro, podemos. Pense nisso: todos nós sabemos que é difícil fazer determinadas coisas, como frequentar a academia. Queremos estar em forma, mas, quando chega a hora de ir, em geral existem coisas bem a nossa frente que parecem mais agradáveis. A pressão do que estamos fazendo é mais forte do que a ideia abstrata da boa forma física futura. Assim, a solução é esta: para ter certeza de que irá à academia, você pode se inspirar em um homem que viveu três mil anos atrás.

A SUPERAÇÃO DO PODER DO AGORA: O PACTO DE ULISSES

Um homem viveu uma versão mais extrema da hipótese da academia. Ele queria fazer uma coisa, mas sabia que não conseguiria resistir à tentação quando chegasse a hora. Para ele, não se tratava de ter um corpo melhor, mas de salvar a própria vida diante de um grupo de sereias hipnóticas.

O homem era o lendário herói Ulisses, voltando do triunfo na Guerra de Troia. A certa altura da longa viagem para casa, ele percebeu que sua embarcação logo passaria por uma ilha onde viviam as lindas sereias, famosas por entoar canções tão melodiosas, que deixavam os marinheiros extasiados e encantados. O problema era que os marinheiros achavam as mulheres irresistíveis e batiam os barcos nas pedras tentando alcançá-las.

Ulisses queria desesperadamente ouvir as lendárias canções, mas não queria matar-se e a tripulação. Assim, preparou um plano. Ele sabia que seria incapaz de resistir a pilotar para as rochas da ilha quando ouvisse a música. O problema não era o Ulisses racional do presente, mas o Ulisses ilógico do futuro, a pessoa que ele se tornaria quando as sereias chegassem ao alcance de seus ouvidos. Ulisses ordenou que os homens o amarrassem ao mastro do barco. Os marinheiros taparam os ouvidos com cera de abelha para não ouvir as sereias e remaram com ordens estritas de ignorar quaisquer apelos, gritos e contorções de Ulisses.

Ulisses sabia que seu "eu" futuro não estaria em condições de tomar boas decisões. Assim, o Ulisses de mente sensata organizou as coisas de modo que não pudesse cometer o erro. Esse tipo de acordo entre o seu "eu" presente e o futuro é conhecido como pacto de Ulisses.

No caso da ida à academia, meu pacto de Ulisses simples é marcar antecipadamente com um amigo lá: a pressão para cumprir o pacto social me amarra no mastro. Quando você os procura, vê que os pactos de Ulisses estão por toda parte. Pense nos universitários que trocam senhas no Facebook na semana das provas finais – cada estudante troca a senha do outro para que nenhum deles acesse a rede social antes do fim das provas. O primeiro passo para alcoólatras em programas de reabilitação é livrar-se de todo álcool que têm em casa, assim a tentação não estará por perto quando se sentirem fracos. Quem tem problemas com o peso às vezes passa por uma cirurgia para reduzir o volume do estômago e evitar, por motivos físicos, comer demais. Em uma versão diferente do pacto de Ulisses, algumas pessoas organizam as coisas de modo que uma violação da promessa estimule uma doação financeira a uma instituição de caridade "ao contrário". Por exemplo, uma mulher que lutou por direitos iguais a vida toda preencheu um cheque polpudo para a Ku Klux Klan e o deu para uma amiga, que ficou responsável por entregá-lo se a doadora voltasse a fumar.

Em todos esses casos, as pessoas estruturam as coisas no presente para que o seu "eu" futuro não se comporte mal. Quando nos amarramos ao mastro, conseguimos contornar a sedução do agora. É o truque que nos leva ao comportamento mais bem alinhado com o tipo de pessoa que gostaríamos de ser. A chave do pacto de Ulisses é reconhecer que somos pessoas diferentes em contextos diferentes. Para tomar decisões melhores, é importante não só conhecer a si mesmo, mas todas as suas identidades.

OS MECANISMOS INVISÍVEIS DA TOMADA DE DECISÃO

Conhecer-se é apenas parte da batalha – você também precisa saber que o resultado de suas batalhas não será sempre o mesmo. Mesmo na ausência de um pacto de Ulisses, algumas vezes você estará mais entusiasmado para ir à academia e outras vezes, menos. Às vezes, você é mais capaz de tomar uma boa decisão e, em outras ocasiões, seu parlamento neural dará um voto que irá causar arrependimento mais tarde. Por quê? Porque o resultado depende de muitos fatores cambiantes sobre o estado de seu corpo, estados que podem mudar de uma hora para outra. Por exemplo: dois homens cumprindo uma sentença de prisão têm data marcada para aparecer perante um conselho de condicional. Um prisioneiro aparece perante o conselho às 11:27 da manhã. Seu crime é fraude e ele está cumprindo trinta meses. Outro prisioneiro aparece à 1:15 da tarde. Ele cometeu o mesmo crime, pelo qual recebeu a mesma sentença.

O primeiro prisioneiro tem a condicional negada, o segundo a recebe. Por quê? O que influenciou a decisão? Raça? Aparência? Idade? Um estudo realizado em 2011 analisou mil decisões de juízes e descobriu que provavelmente nenhum desses fatores contou para a decisão – fome foi o principal. Logo depois de o conselho de condicional ter desfrutado de um intervalo para comer, a probabilidade de um prisioneiro conseguir a condicional chega a seu ponto mais alto: 65%. Mas um prisioneiro que chega mais para o fim de uma sessão tem chances reduzidas: apenas uma probabilidade de 20% de um resultado favorável.

Em outras palavras, as decisões são repriorizadas enquanto outras necessidades têm sua importância aumentada. As avaliações mudam com as circunstâncias. O destino de um prisioneiro está irrevogavelmente entremeado com as redes neurais do juiz, que operam segundo necessidades biológicas.

Alguns psicólogos descrevem este efeito como "esgotamento do ego", o que significa que as áreas cognitivas de nível mais elevado, envolvidas na função executiva e no planejamento (como o córtex pré-frontal) ficam fatigadas. A força de vontade é um recurso limitado; a reserva pode diminuir, como um tanque de combustível. No caso dos juízes, quanto mais casos exigem decisões (mais de 35 em uma sessão), mais esgotados os cérebros ficam de energia. Porém, depois de comer um sanduíche e uma fruta, por exemplo, a reserva de energia deles foi reabastecida e impulsos diferentes ganharam poder na condução das decisões.

Por tradição, supomos que a espécie humana é um agente racional de decisão: absorve informações, as processa e obtém uma resposta ou solução ideal. Mas o ser humano verdadeiro não opera dessa maneira. Até os juízes, empenhados em não ter nenhum viés, são prisioneiros da biologia.

Nossas decisões são igualmente influenciadas quando se trata de como agimos com nossos parceiros amorosos. Pense na escolha da monogamia – criar vínculo e ficar com um único parceiro. Essa poderia parecer uma decisão que envolve cultura, valores e moral. Tudo isso é verdade, mas existe também uma força mais profunda agindo sobre sua tomada de decisão: os hormônios. Um deles em particular, chamado ocitocina, é o principal ingrediente na magia do vínculo. Em um estudo recente, homens que estavam apaixonados por suas parceiras receberam uma pequena dose de ocitocina extra. Em seguida, foram solicitados a classificar o grau de atração de diferentes mulheres. Com a ocitocina a mais, os homens acharam suas parceiras mais atraentes, mas não outras mulheres. Na verdade, os homens mantiveram uma distância física um pouco maior de uma pesquisadora atraente associada ao estudo. A ocitocina aumentou o vínculo com as parceiras.

Por que temos substâncias químicas como a ocitocina conduzindo-nos para o vínculo? Afinal, da perspectiva evolutiva, podemos esperar que um homem não queira a monogamia, se seu imperativo biológico é disseminar os genes ao máximo. Porém, pela sobrevivência dos filhos, ter os dois genitores é melhor do que ter apenas um. Esse fato

FORÇA DE VONTADE, UM RECURSO FINITO

Gastamos muita energia nos convencendo a tomar decisões que sentimos ser necessárias. Para andar na linha, em geral recorremos à força de vontade, essa força interior que lhe permite desprezar o biscoito (ou pelo menos o segundo biscoito), ou que lhe permite cumprir um prazo de trabalho quando tudo que deseja é tomar sol. Todos nós sabemos como é quando nossa força de vontade parece estar baixa: depois de um dia longo e difícil no trabalho, em geral as pessoas se veem tomando decisões piores – por exemplo, comem mais do que pretendiam ou vão assistir à televisão em vez de cumprir seu próximo prazo.

Assim, o psicólogo Roy Baumeister e colegas colocaram isso à prova. Pessoas foram convocadas para ver um filme triste. Metade delas tinha de reagir como fazia normalmente, enquanto a outra metade foi instruída a reprimir as emoções. Depois do filme, todas receberam um aparelho para fortalecer as mãos e foram solicitadas a apertá-lo pelo máximo de tempo que conseguissem. Aquelas que reprimiram as emoções desistiram mais cedo. Por quê? Porque autocontrole requer energia, o que significa que temos menos energia disponível para a próxima coisa que precisamos fazer. E é por isso que resistir à tentação, tomar decisões difíceis ou assumir a iniciativa parecem ações que exigem a mesma quantidade de energia. Então, a força de vontade não é algo que simplesmente exercemos – é algo que se esgota.

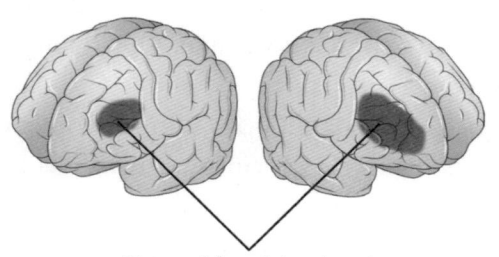

Córtex pré-frontal dorsolateral

O córtex pré-frontal dorsolateral se ativa quando quem faz dieta escolhe o alimento mais saudável a sua frente, ou quando as pessoas decidem adiar uma pequena recompensa no momento atual em troca de um resultado melhor depois.

simples é tão importante, que o cérebro possui maneiras ocultas de influenciar sua tomada de decisão nessa linha de frente.

DECISÕES E SOCIEDADE

Uma compreensão melhor da tomada de decisão abre a porta para uma política social melhor. Por exemplo, cada um de nós, a nossa própria maneira, luta contra o controle dos impulsos. Num extremo, podemos acabar escravos dos anseios imediatos de nossos impulsos. Deste ponto de vista, podemos ter uma compreensão mais sutil de esforços sociais como a guerra contra as drogas.

O vício em drogas é um antigo problema da sociedade, levando ao crime, a uma diminuição da produtividade, a doença mental, a transmissão de doenças e, mais recentemente, a uma população carcerária explosiva. Quase sete entre dez prisioneiros atende ao critério de abuso ou dependência de substâncias químicas. Em um estudo, 35,6% dos presidiários estavam sob a influência de drogas no momento em que cometeram o crime. O abuso de drogas se traduz em muitas dezenas de bilhões de dólares, principalmente com relação a crimes ligados às drogas.

A maioria dos países trata do problema do vício em drogas com sua criminalização. Algumas décadas atrás, 38 mil americanos estavam presos por crimes relacionados com entorpecentes. Atualmente, este número é de meio milhão. Pode parecer que a guerra contra as drogas é bem-sucedida, mas o encarceramento em massa não diminuiu o tráfico. Isso porque, em sua maioria, as pessoas atrás das grades não são chefes de cartel, nem chefões da Máfia, nem grandes traficantes – os prisioneiros foram trancafiados por posse de uma pequena quantidade de drogas, em geral, menos de dois gramas. São os usuários, os viciados. Ir para a prisão não resolve o problema deles – em geral, agrava.

Os Estados Unidos têm mais gente na prisão por crimes relacionados a drogas do que o número de presidiários na União Europeia. O problema é que o encarceramento cria um círculo caro e vicioso de recaídas e de volta ao presídio. Rompe os círculos sociais das pessoas e suas oportunidades de emprego e lhes dá novos círculos sociais e novas oportunidades de emprego – que costumam alimentar o vício.

Todo ano, os Estados Unidos gastam 20 bilhões de dólares na guerra contra as drogas; em todo o planeta, o total é de mais de 100 bilhões. Mas o investimento não deu certo. Desde que a guerra começou, o uso de drogas se expandiu. Por que esses gastos não tiveram sucesso? O problema no tráfico de drogas é que ele é como um balão de água: se você espremer em um lugar, ele aparece em outro. Em vez de atacar a oferta, a melhor estratégia é abordar a demanda. E a demanda de drogas está no cérebro do viciado.

Algumas pessoas argumentam que o vício em drogas gira em torno da pobreza e da pressão social. Esses fatores têm importância, mas, no cerne da questão, está a biologia do cérebro. Em experimentos laboratoriais, ratos que autoadministram drogas batem continuamente na alavanca de fornecimento e deixam de ingerir comida e bebida. Os ratos não estão fazendo isso por motivos financeiros ou de coerção social. Fazem porque as drogas mobilizam circuitos de recompensa fundamentais no cérebro. As drogas efetivamente dizem ao cérebro que essa decisão é melhor do que todas as outras que podem ser tomadas. Outras redes cerebrais podem entrar na batalha, representando todos os motivos para resistir à droga. Em um viciado, porém, a rede do desejo vence. A maioria dos viciados quer largar as drogas, mas se vê incapaz. Eles se tornam escravos dos impulsos.

Como o problema do vício em drogas está no cérebro, é plausível que as soluções também estejam ali. Uma abordagem é causar alteração no controle de impulsos. Isso pode ser feito aumentando a certeza e a celeridade da punição – por exemplo, exigindo que criminosos de drogas se submetam a um exame de drogas duas vezes por semana, com prisão automática e imediata se não passarem –, deixando de depender só da abstração distante. Do mesmo modo, alguns economistas propõem que a queda na criminalidade americana desde o início dos anos 1990 se deveu em parte à presença maior da polícia nas ruas. Na linguagem do cérebro, a visibilidade da polícia estimula as redes que pesam as consequências de longo prazo.

Em meu laboratório, trabalhamos em outra abordagem que pode ser eficaz. Damos resposta em tempo real durante imageamento do cérebro, permitindo que viciados em cocaína vejam a própria atividade cerebral e aprendam a regulá-la.

Uma de nossas participantes se chama Karen. Ela é vivaz e inteligente e, aos cinquenta anos, ainda tem uma energia juvenil. É viciada em crack há mais de duas décadas e descreve a droga como a ruína de sua vida. Se vir a droga diante de si, ela não tem alternativa senão tomá-la. Em experimentos contínuos em meu laboratório, colocamos Karen em varredura cerebral (ressonância magnética funcional, ou fMRI). Mostramos imagens de crack e pedimos a ela que as desejasse. Fazer isso é fácil para Karen e ativa determinadas regiões do cérebro que resumimos como a rede do desejo. Em seguida, pedimos que ela reprimisse o desejo, que pensasse no custo que o crack tinha para ela – em termos financeiros, de relacionamentos, de emprego. Isso ativou um conjunto diferente de áreas cerebrais, que resumimos como a rede de repressão. As redes de desejo e repressão sempre estão em batalha pela supremacia e aquela que vence em qualquer momento determina o que Karen faz quando lhe oferecem crack.

Usando técnicas computacionais rápidas na varredura, podemos medir qual rede está vencendo: o pensamento de curto prazo da rede de desejo ou o pensamento de longo prazo da rede de controle de impulso ou rede de repressão. Damos a Karen a resposta visual em tempo real na forma de um velocímetro, para que ela possa ver como corre a batalha. Quando seu desejo está vencendo, o ponteiro fica na zona vermelha; quando consegue reprimir, o ponteiro se desloca para a área azul. Ela então pode usar diferentes abordagens para descobrir o que pode causar mudança nessas redes.

Pela prática repetida, Karen passa a ter uma compreensão melhor do que precisa fazer para mover o ponteiro. Ela pode ou não estar conscientemente ciente de como faz isso, mas, pela prática repetida, pode fortalecer os circuitos neurais que lhe permitem exercer a repressão. Essa técnica ainda é nova, mas a esperança é que Karen passe a ter ferramentas cognitivas para recusar o crack quando a droga lhe for oferecida novamente e supere seus anseios imediatos, se quiser. O treinamento não obriga Karen a se comportar de nenhum jeito determinado, simplesmente lhe dá as habilidades cognitivas para ter mais controle sobre as decisões, em vez de ser uma escrava dos impulsos.

O vício em drogas é um problema para milhões de pessoas. Mas as prisões não são lugar para resolver o problema. Equipados com uma compreensão de como o cérebro humano de fato toma decisões, podemos desenvolver novas abordagens além da punição. À medida que passamos a apreciar melhor as operações dentro do nosso cérebro, podemos alinhar melhor o comportamento com nossas melhores intenções.

De forma mais geral, ter familiaridade com a tomada de decisão pode melhorar aspectos de nosso sistema de justiça criminal bem além do vício, levando a políticas que sejam mais humanas e menos dispendiosas. Como isso funcionaria? Começaria por uma ênfase na reabilitação em vez do encarceramento em massa. Pode parecer ilusório, mas existem lugares que já são pioneiros em tal abordagem, com muito sucesso. Um deles é o Centro de Tratamento Juvenil Mendota em Madison, no Wisconsin.

Muitos dos garotos que estão em Mendota, que têm de 12 a 17 anos, cometeram crimes que podiam determinar uma vida na prisão. Aqui, determinam a admissão deles. Para muitos desses jovens, esta é sua última chance. O programa teve início no começo da década de 1990, a fim de proporcionar uma nova abordagem ao trabalho com jovens de quem o sistema havia desistido. O programa dá uma atenção especial ao cérebro jovem e em desenvolvimento dos participantes. Como vimos no Capítulo 1, sem um córtex pré-frontal inteiramente desenvolvido, em geral as decisões são tomadas por impulso, sem consideração significativa das consequências futuras. Em Mendota, este ponto de vista inspira uma abordagem à reabilitação. Para ajudar os garotos a aprimorar o autocontrole, o programa fornece um sistema de tutoria, aconselhamento e recompensas. Uma técnica importante é treiná-los para parar e pensar no resultado futuro de qualquer decisão que possam tomar, estimulando-os a fazer simulações do que pode acontecer, e assim fortalecer conexões neurais que podem vencer a recompensa imediata dos impulsos.

    O fraco controle dos impulsos é uma característica marcante da maioria dos criminosos no sistema carcerário. Muitos dos que estão do lado errado da lei em geral sabem a diferença entre o certo e o errado e entendem a ameaça do castigo, mas são paralisados por um controle fraco dos impulsos. Eles veem uma idosa com uma bolsa cara e não param para pensar em outras opções além de aproveitar a oportunidade. A tentação do agora supera qualquer consideração do futuro.

Enquanto nosso estilo atual de punição se assenta na vontade pessoal e na culpa, Mendota é um experimento de alternativas. Apesar de as sociedades possuírem impulsos de punição profundamente arraigados, podemos imaginar um sistema de justiça criminal diferente, com uma relação mais íntima com a neurociência das decisões. Tal sistema judiciário não deixaria ninguém escapar impunemente, mas se dedicaria mais a como lidar com os infratores de olho em seu futuro em vez de descartá-los devido a seu passado. Aqueles que rompem os contratos sociais precisam sair das ruas pela segurança da sociedade – contudo, o que acontece na prisão não precisa ser baseado apenas na sede de sangue, mas também em uma reabilitação significativa, fundamentada em evidências.

A tomada de decisão está no cerne de tudo: de quem somos, do que fazemos, como percebemos o mundo a nossa volta. Sem a capacidade de pesar alternativas, seríamos reféns de nossos impulsos mais fundamentais. Não conseguiríamos viver o agora de modo sensato, nem planejar a vida futura. Embora você tenha uma identidade única, não é de mente única, mas sim um conjunto de muitos impulsos concorrentes. Se compreendermos como a batalha de escolhas acontece no cérebro, podemos aprender a tomar decisões melhores para nós e para nossa sociedade.

5
EU PRECISO DE VOCÊ?

Do que seu cérebro precisa para ter um funcionamento normal? Além dos nutrientes dos alimentos que você consome, além do oxigênio que respira, além da água que bebe, há mais uma coisa que é igualmente importante. A função normal do cérebro depende da teia social a sua volta. Nossos neurônios precisam dos neurônios dos outros para prosperar e sobreviver.

METADE DE NÓS SÃO OS OUTROS

Mais de sete bilhões de cérebros humanos transitam pelo planeta atualmente. Embora seja um hábito nosso nos sentirmos independentes, cada um de nossos cérebros opera em uma rica teia de interação com os outros, tanto que podemos muito bem olhar as realizações de nossa espécie como a proeza de um único megaorganismo em mudança constante.

Por tradição, os cérebros têm sido estudados isoladamente, mas essa abordagem deixa passar o fato de que uma enorme quantidade de circuitos cerebrais tem relação com outros cérebros. Somos criaturas profundamente sociais. Desde nossas famílias, amigos, colegas de trabalho e parceiros nos negócios, nossas sociedades são formadas de camadas de interações sociais complexas. Por todo lugar, vemos relações se formando e se rompendo, laços familiares, o uso obsessivo de redes sociais e a formação compulsiva de alianças.

Toda essa cola social é gerada por circuitos específicos no cérebro: vastas redes que monitoram os outros comunicam-se com eles, sentem sua dor, avaliam suas intenções e interpretam suas emoções. Nossas habilidades sociais têm raízes profundas em nosso circuito neural, e a compreensão deste circuito é a base de um novo campo de estudos chamado neurociência social.

Considere por um momento como são diferentes os seguintes itens: coelhos, trens, monstros, aviões e brinquedos infantis. Embora sejam diferentes, todos podem ser as personagens principais de filmes populares de animação, e não temos dificuldade para atribuir intenções a eles. O cérebro de um espectador precisa de muito poucas pistas para supor que essas personagens são como nós e, portanto, podemos rir e chorar de suas aventuras.

A tendência a atribuir intenção a personagens não humanos foi sublinhada em um filme de curta-metragem produzido em 1944 pelos psicólogos Fritz Heider e Marianne Simmel. Duas formas simples – um triângulo e um círculo – reúnem-se e rodam uma em volta da outra. Depois de um momento, um triângulo maior entra na cena discretamente. Ele esbarra no triângulo menor e o empurra. Lentamente, o círculo escapole para trás de uma estrutura retangular e fica atrás dela; enquanto isso, o triângulo maior afugenta o menor. O triângulo maior então chega à porta da estrutura, ameaçador. O triângulo abre a porta e vai atrás do círculo, que procura freneticamente (e sem sucesso) outras rotas de fuga. Quando a situação parece mais sombria, o triângulo menor volta. Ele abre a porta e o círculo corre ao seu encontro. Juntos, eles fecham a porta e prendem o triângulo maior ali. Encurralado, o triângulo maior bate nas paredes da estrutura. Do lado de fora, o triângulo pequeno e o círculo rodam em torno um do outro.

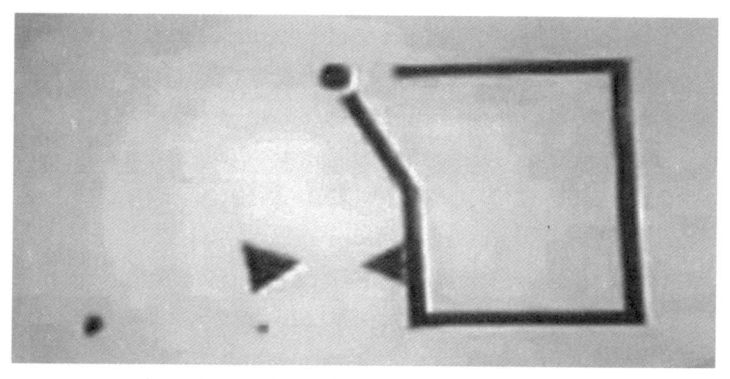

As pessoas não resistem a impor uma narrativa para formas em movimento.

Quando as pessoas assistem a este curta-metragem e são solicitadas a descrever o que viram, é de se esperar que descrevam formas simples em movimento. Afinal, são apenas um círculo e dois triângulos trocando de coordenadas. Mas não é isso que os espectadores contam. Eles descrevem uma história de amor, uma briga, uma perseguição, uma vitória. Heider e Simmel usaram esta animação para demonstrar a rapidez com que percebemos a interação social a nossa volta. As formas em movimento atingem nossos olhos, mas vemos significado, motivos e emoção, tudo na forma de uma narrativa social. Impor uma história é algo inevitável de se fazer. Desde tempos imemoriais, as pessoas têm visto o voo dos pássaros, o movimento das estrelas, o balançar das árvores e têm inventado histórias sobre eles, interpretando-os como seres que têm uma intenção.

Esse tipo de narrativa não é apenas uma idiossincrasia, é uma pista importante do circuito cerebral. Ela mostra até que ponto o cérebro está preparado para a interação social. Afinal, nossa sobrevivência depende de avaliações rápidas de quem é amigo e inimigo. Navegamos pelo mundo social avaliando as intenções dos outros. Será que ela está tentando ser útil? Eu preciso me preocupar com ele? Eles estão pensando no que é melhor para mim?

Nosso cérebro faz avaliações sociais constantemente. Mas nós aprendemos essa habilidade com a experiência de vida ou nascemos com ela? Para descobrir, podemos investigar se os bebês a possuem. Reproduzindo uma experiência dos psicólogos Kiley Hamlim, Karen Wynn e Paul Bloom, da Universidade de Yale, convidei crianças de colo, uma de cada vez, para ver um espetáculo de marionetes.

Essas crianças tinham menos de um ano e começavam a explorar o mundo. Todas tinham pouca experiência de vida. Elas ficaram no colo das mães para assistir ao espetáculo. Quando a cortina se abre, um pato tem dificuldade para abrir uma caixa de brinquedos. O pato aperta a tampa, mas não consegue uma boa pegada. Dois ursos, com camisas de cores diferentes, o observam.

Depois de alguns instantes, um dos ursos vai ajudar o pato, juntando-se a ele para segurar a lateral da caixa e abrir a tampa. Eles se abraçam por um momento e a tampa volta a se fechar.

O pato tenta abrir a tampa de novo. O outro urso, olhando, joga seu peso na tampa, impedindo que o pato tenha sucesso.

Essa é a história do espetáculo. Em uma trama curta e silenciosa, um urso foi útil ao pato e o outro foi mau.

Quando as cortinas se fecham e reabrem, pego os dois ursos e levo para o bebê que está assistindo. Eu os levanto, indicando à criança para escolher um deles para brincar. O interessante, como descobriram os pesquisadores de Yale, é que quase todos os bebês escolhem o urso que foi gentil. As crianças não sabem andar nem falar, mas já têm os instrumentos para avaliar criticamente os outros.

Em geral, se supõe que a confiança é algo que aprendemos a avaliar com base em anos de experiência no mundo. Mas experimentos simples como esse demonstram que, mesmo quando somos bebês, estamos equipados com uma antena social para sentir nosso caminho pelo mundo. O cérebro tem instintos inatos para detectar quem é digno de confiança e quem não é.

OS SINAIS SUTIS A NOSSA VOLTA

À medida que crescemos, nossos desafios sociais tornam-se mais sutis e complexos. Além das palavras e dos atos, precisamos interpretar inflexão, expressões faciais, linguagem corporal. Enquanto estamos concentrados no que discutimos, o maquinário de nosso cérebro se ocupa do processamento de informações complexas. De tão instintivas, as operações são essencialmente invisíveis.

Em geral, a melhor maneira de apreciar uma coisa é ver como é o mundo quando ela está ausente. Um homem chamado John Robison simplesmente não tinha consciência, enquanto crescia, da atividade normal do cérebro social. Ele sofreu *bullying* e rejeição de outras crianças, mas

AUTISMO

O autismo é um distúrbio neurodesenvolvimental que afeta 1% da população. Embora tenha se determinado que seu desenvolvimento tem como base causas genéticas e ambientais, o número de indivíduos com o diagnóstico de autismo cresceu nos últimos anos, com pouca ou nenhuma evidência que explique o aumento. Em pessoas que não são afetadas pelo autismo, muitas regiões do cérebro estão envolvidas na busca de pistas sociais sobre os sentimentos e pensamentos dos outros. No autismo, esta atividade cerebral não é vista tão fortemente – de modo paralelo, as habilidades sociais são diminuídas.

descobriu o amor pelas máquinas. Como o próprio descreve, ele podia ficar perto de um trator sem sofrer implicâncias por parte dele. "Acho que aprendi a fazer amizade com as máquinas antes de fazer amizade com outras pessoas", diz John.

Com o tempo, a afinidade de John pela tecnologia o levou a lugares inalcançáveis para aqueles que o rejeitavam. Aos 21 anos, ele era *roadie* da banda KISS. Porém, mesmo cercado pela infame luxúria do rock and roll, sua perspectiva era diferente. Quando as pessoas lhe perguntavam sobre os músicos e como eles eram, John dizia que a banda tinha tocado no Sun Coliseum com sete amplificadores em série. Ele contava que havia 2.200 watts no sistema do baixo e podia enumerar os amplificadores e quais eram as frequências de filtros. Mas não conseguia dizer nada sobre os músicos que cantavam através deles. Ele vivia em um mundo de tecnologia e equipamentos. John só recebeu o diagnóstico da síndrome de Asperger, uma forma de autismo, aos quarenta anos.

Então, aconteceu algo que transformou a vida de John. Em 2008, ele foi convidado a participar de um experimento na Faculdade de Medicina de Harvard. Uma equipe liderada pelo doutor Alvaro Pascual-Leone usou estimulação magnética transcraniana (EMT) para avaliar como a atividade em uma área do cérebro afetava a atividade em outra. A EMT emite um pulso magnético forte perto da cabeça, que, por sua vez, induz uma pequena corrente elétrica no cérebro, perturbando temporariamente a atividade cerebral local. O experimento pretendia ajudar os pesquisadores a ter um conhecimento maior sobre o cérebro autista. A equipe usou EMT para visar diferentes regiões do cérebro de John envolvidas em função cognitiva de ordem mais elevada. No início, John contou que a estimulação não surtia efeito. Mas, em uma sessão, os pesquisadores aplicaram EMT ao córtex pré-frontal dorsolateral, uma parte evolutivamente recente do cérebro, envolvida no raciocínio flexível e na abstração. John afirma que isso o deixou diferente.

John ligou para o doutor Pascual-Leone contando que os efeitos da estimulação pareciam ter "destrancado" alguma coisa nele. Os efeitos duraram bem além do próprio experimento, segundo John. Para John, abriram toda uma nova janela para o mundo social. Ele simplesmente não percebia que havia mensagens emanando das expressões faciais dos outros – depois do experimento, porém, era consciente dessas mensagens. Para John, sua experiência do mundo agora estava transformada. Pascual-Leone ficou cético. Deduziu que, se os efeitos eram reais, eles não durariam, dado que os efeitos da EMT em geral persistem por apenas de alguns minutos a horas. Mas Pascual-Leone, embora não tenha entendido inteiramente o que tinha acontecido, concordou que a estimulação parece ter alterado fundamentalmente John.

Na esfera social, John passou da experiência em preto e branco para a cor total. Ele agora vê um canal de comunicação que antes jamais foi capaz de detectar. A história de John não fala simplesmente de esperança em novas técnicas de tratamento para distúrbios do espectro autista. Revela a importância do mecanismo inconsciente que opera internamente, em cada momento da vida em que estamos acordados, dedicados à ligação social – circuitos do cérebro que decodificam continuamente as emoções dos outros, com base em sutis dicas faciais, auditivas e de outros sentidos.

"Eu sabia que as pessoas podiam exibir sinais de uma raiva louca", diz ele. "Mas se você me perguntasse sobre expressões mais sutis – por exemplo, 'Acho você um amor' ou 'O que será que você está escondendo?', 'Adoro fazer isso' ou 'Eu gostaria que você fizesse tal coisa', eu não fazia ideia de que essas coisas aconteciam."

A cada momento de nossa vida, nossos circuitos cerebrais decodificam as emoções dos outros, com base em dicas faciais extremamente sutis. Para entender melhor como interpretamos rostos de forma tão rápida e automática, convidei um grupo de pessoas a meu laboratório. Colocamos dois eletrodos em seus rostos – um na testa, outro na bochecha – para medir pequenas alterações na expressão. Depois, pedimos que olhassem fotografias de faces.

Quando os participantes olhavam uma foto que mostrava, digamos, um sorriso ou uma carranca, podíamos medir curtos períodos de atividade elétrica que indicavam que seus músculos faciais estavam em movimento, em geral de maneira bem sutil. Isso acontece devido a algo chamado espelhamento: eles usavam automaticamente os próprios músculos faciais para copiar as expressões que viam. Um sorriso tinha como reflexo um sorriso, mesmo que o movimento dos músculos fosse leve demais para ficar claro visualmente. Sem querer, as pessoas imitavam as outras.

Esse espelhamento esclarece um fato estranho: casais que são casados há muito tempo começam a ficar parecidos, e quanto mais tempo são casados, mais forte é o efeito. A pesquisa sugere que isso não acontece simplesmente porque eles adotam as mesmas roupas ou corte de cabelo, mas porque estiveram espelhando o rosto do outro por tantos anos, que até o padrão de rugas se igualava.

Por que espelhamos? Existe algum propósito para isso? Para descobrir, convidei um segundo grupo de pessoas ao laboratório – semelhante ao primeiro, exceto por um detalhe: o novo grupo foi exposto à toxina mais letal do planeta. Se você ingerisse apenas poucas gotas dessa neurotoxina, seu cérebro não poderia mais mandar os músculos se contraírem e você morreria de paralisia (especificamente, seu diafragma não conseguiria mais se mexer e você ficaria asfixiado). Em vista desses fatos, parece improvável que as pessoas paguem para receber uma injeção dessas. Mas elas pagam. Trata-se da toxina botulínica, derivada de uma bactéria, e que costuma ser comercializada com o nome comercial de Botox. Quando injetada nos músculos faciais, ela os paralisa e assim reduz a formação de rugas.

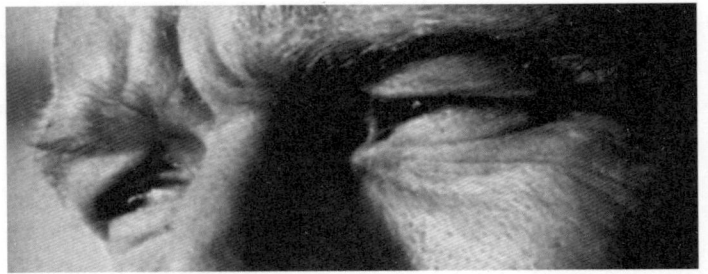

deprimido　　　　　　　　　　　　　　aliviado

tímido　　　　　　　　　　　　　　　animado

No teste "Reading the Mind in the Eyes" ["Lendo a mente com os olhos"] (Baron-Cohen et al, 2001), os participantes veem 36 fotografias de expressões faciais, cada uma delas acompanhada de quatro palavras.

Entretanto, além do benefício cosmético, há um efeito colateral menos conhecido do Botox. Mostramos a usuários de Botox o mesmo conjunto de fotos e seus músculos faciais revelaram menos espelhamento em nosso eletromiograma. Até aí, nada de surpreendente – o enfraquecimento dos músculos foi intencional. A surpresa foi outra, originalmente relatada em 2011 por David Neal e Tanya Chartrand. Como em seu experimento original, pedi aos participantes dos dois grupos (Botox e não Botox) que olhassem expressões faciais e escolhessem uma entre quatro palavras que melhor descrevesse a emoção demonstrada.

Em média, as pessoas com Botox eram piores na identificação correta das emoções nas fotografias. Por quê? Uma hipótese sugere que a falta de resposta dos músculos faciais prejudica a capacidade de interpretar os outros. Todos nós sabemos que o rosto menos móvel dos usuários de Botox dificulta a interpretação de seus sentimentos. A surpresa é que esses mesmos músculos paralisados podem dificultar a interpretação que estas pessoas fazem dos outros.

Há um jeito de pensar nesse resultado: meus músculos faciais refletem o que estou sentindo e o seu maquinário neural tira proveito disso. Quando tenta entender o que estou sentindo, você experimenta a minha expressão facial. Você não o faz de propósito – isso acontece de forma inconsciente e rápida –, mas esse espelhamento automático da minha expressão lhe dá uma estimativa rápida do que eu devo estar sentindo. É um truque poderoso para o seu cérebro ter uma compreensão melhor de mim e fazer previsões melhores sobre como agirei. Por acaso, esse é apenas um entre muitos truques.

AS ALEGRIAS E TRISTEZAS DA EMPATIA

Vamos ao cinema a fim de fugir para mundos de amor, corações partidos, aventura e medo. Mas os heróis e vilões são apenas atores projetados em duas dimensões numa tela. Então, por que nos importaríamos com o que acontece com aqueles fantasmas fugazes? Por que os filmes nos fazem chorar, rir, tomar sustos?

Para entender por que você se importa com os atores, vamos começar pelo que acontece em seu cérebro quando você sente dor. Imagine que alguém crave em sua mão a agulha de uma seringa. No cérebro, não existe um lugar exclusivo onde a dor é processada. Em vez disso, o evento ativa várias áreas diferentes e todas operam em harmonia. Esta rede é resumida como a matriz da dor.

Aqui está a surpresa: a matriz da dor é fundamental para como nos ligamos aos outros. Se você vê alguém sendo apunhalado, grande parte de sua matriz da dor é ativada. Não aquelas áreas que dizem que você de fato foi atingido, mas as partes envolvidas na experiência emocional da dor. Em outras palavras, ver alguém sentindo dor e sentir dor são coisas que usam o mesmo mecanismo neural. Esta é a base da empatia.

Ter empatia pelo outro é literalmente sentir sua dor. Você ativa uma simulação convincente de como seria se estivesse naquela situação. É graças a nossa capacidade para isso que as histórias – como os filmes e romances – são tão cativantes e tão universais na cultura humana. Quer envolvam completos estranhos ou personagens inventadas, você vive sua agonia e seu êxtase. Transforma-se neles tranquilamente, vive a vida e observa da perspectiva deles. Quando vê outra pessoa sofrer, você pode tentar dizer a si mesmo que o problema é dela, não seu – mas os neurônios bem no fundo de seu cérebro não sabem a diferença.

Esse equipamento embutido para sentir a dor do outro faz parte do que nos torna tão aptos a nos colocar no lugar do outro e os outros, no nosso lugar, falando do ponto de vista neural. Mas por que temos esse equipamento, antes de mais nada? Da perspectiva evolutiva, a empatia é uma habilidade útil: com uma apreensão melhor do que alguém está sentindo, temos uma previsão melhor do que esse alguém fará em seguida.

Contudo, a precisão da empatia é limitada e, em muitos casos, simplesmente nos projetamos nos outros. Tome como exemplo Susan Smith, uma mulher da Carolina do Sul que, em 1994, despertou a empatia de uma nação quando contou à polícia que tinha sido assaltada por um homem que fugiu com seus filhos ainda no carro. Durante nove dias, ela apelou em rede nacional de televisão pelo resgate e pela volta dos meninos. Por todo o país, pessoas que ela desconhecia lhe ofereceram ajuda e apoio. Por fim, Susan Smith confessou o assassinato dos próprios filhos. Todos foram induzidos pela história que ela contou do roubo do carro porque o que ela tinha feito estava distante demais do reino das previsões normais. Embora os detalhes do caso agora sejam razoavelmente óbvios, na época era difícil vê-los – porque, em geral, interpretamos os outros da perspectiva de quem somos e do que somos capazes de fazer.

Não conseguimos deixar de simular os outros, nos conectar aos outros, preocupar-nos com eles, porque somos equipados para ser criaturas sociais. Isso suscita uma pergunta: nosso cérebro é dependente da interação social? O que aconteceria se o cérebro fosse privado de contato humano?

Em 2009, a ativista pela paz Sarah Shourd e seus dois companheiros estavam escalando as montanhas do norte do Iraque, uma região pacífica na época. Eles seguiam as recomendações de moradores para ver a cachoeira Ahmed Awa. Infelizmente, o local ficava na fronteira iraquiana com o Irã. Os três foram presos pela guarda de fronteira iraniana por suspeita de ser espiões americanos. Os dois homens foram colocados na mesma cela, mas Sarah foi separada deles, em confinamento solitário. Com a exceção de dois períodos de trinta minutos por dia, ela passou os 410 dias seguintes numa cela isolada.

Nas palavras de Sarah:

> Nas primeiras semanas e meses de solitária, você é reduzido a um estado animalesco. Quer dizer, você é um animal em uma jaula e passa a maior parte de suas horas andando de um lado a outro. E o estado animalesco por fim se transforma em um estado mais vegetal: sua mente começa a ficar mais lenta e o raciocínio se torna repetitivo. Seu cérebro volta-se para si mesmo e se transforma na fonte da pior dor e da pior tortura que você já sofreu. Revivi cada momento de minha vida e por fim fiquei sem lembranças. Você já as contou para você muitas vezes. E elas não duram muito.

A privação social de Sarah causou uma dor psicológica profunda: sem interação, o cérebro sofre. O confinamento em solitária é ilegal em muitas jurisdições, precisamente porque os observadores há muito reconheceram os danos causados quando se retira um dos aspectos mais fundamentais da vida humana: a interação com os outros. Faminta de contato com o mundo, Sarah rapidamente entrou em um estado de alucinação:

> O sol aparecia em certa hora do dia, oblíquo, por minha janela. E todas as pequenas partículas de poeira em minha cela eram iluminadas pelo sol. Eu via todas essas partículas de poeira como outros seres humanos ocupando o pla-

neta. E eles estavam no fluxo da vida, interagiam, esbarravam uns nos outros. Faziam alguma coisa coletiva. Eu me via isolada num canto, emparedada, fora do fluxo da vida.

Em setembro de 2010, depois de mais de um ano de cativeiro, Sarah foi libertada e pôde se reunir ao mundo. Não se livrou do trauma do acontecimento: ela sofria de depressão e facilmente entrava em pânico. No ano seguinte, casou-se com Shane Bauer, um dos outros montanhistas. Sarah conta que ela e Shane conseguiam acalmar um ao outro, mas nem sempre era fácil: os dois tinham cicatrizes emocionais.

O filósofo Martin Heidegger sugeriu que é difícil falar de uma pessoa "sendo" porque, em geral, nós "somos no mundo". Este foi o jeito de ele destacar que o mundo a sua volta é grande parte de quem você é. Sua identidade não existe no vácuo.

Embora cientistas e médicos possam observar o que acontece com as pessoas em solitária, é difícil estudá-las diretamente. Porém, um experimento da neurocientista Naomi Eisenberger pode nos dar discernimento sobre o que acontece no cérebro em uma situação um pouco mais tratável: quando somos excluídos de um grupo.

Imagine jogar bola com outras duas pessoas e a certa altura você é excluído do jogo: os outros dois ficam jogando a bola entre eles, isolando você. O experimento de Eisenberger se baseia nessa hipótese simples. Ela pediu a voluntários que operassem um jogo simples de computador em que sua personagem animada jogava bola com outros dois participantes. Os voluntários foram levados a acreditar que os outros jogadores eram controlados por outros dois humanos, mas eles faziam parte de um programa de computador. No início, os outros jogaram com justiça, mas, depois de um tempo, excluíram o voluntário do jogo e simplesmente ficavam jogando entre eles.

Eisenberger fez com que os voluntários participassem do jogo enquanto se submetiam a uma varredura cerebral (a técnica se chama imageamento de ressonância magnética funcional, ou fMRI – ver o Capítulo 4). Ela descobriu uma coisa extraordinária: quando os voluntários eram excluídos do jogo, tornavam-se ativas as áreas envolvidas na matriz da dor. Não receber a bola podia parecer insignificante, mas, para o cérebro, a rejeição social é tão significativa que literalmente dói.

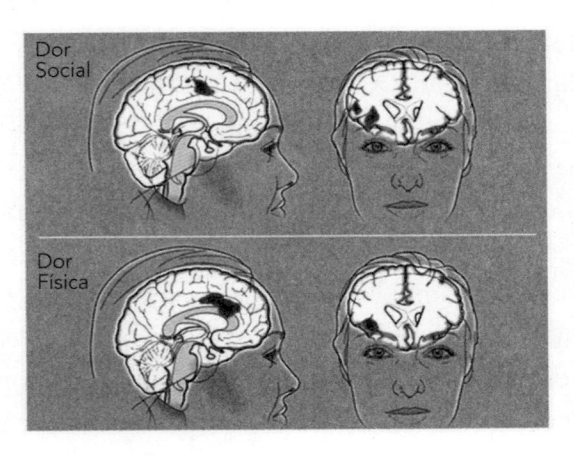

A dor social, como aquela resultante da exclusão, ativa as mesmas regiões da dor física no cérebro.

Por que a rejeição dói? Presume-se que esta seja uma pista de que o vínculo social tem importância evolutiva – em outras palavras, a dor é um mecanismo que nos conduz à interação e à aceitação pelos outros. Nosso mecanismo neural embutido nos leva ao vínculo com os outros. Ele nos impele a formar grupos.

Isto esclarece o mundo social que nos cerca: em toda parte, os seres humanos constantemente formam grupos. Nós nos vinculamos por meio de laços de família, amizade, trabalho, estilo, times esportivos, religião, cultura, pigmento da pele, língua, passatempos e afiliação política. É reconfortante para nós pertencer a um grupo, e este fato nos dá uma pista fundamental da história de nossa espécie.

PARA ALÉM DA SOBREVIVÊNCIA DO MAIS APTO

Quando pensamos na evolução humana, estamos todos familiarizados com o conceito de sobrevivência do mais apto, que traz à mente a imagem de um indivíduo forte e astuto que pode superar outros membros de sua espécie na luta, na competição e no acasalamento. Em outras palavras, é preciso ser um bom competidor para prosperar e sobreviver. Esse modelo tem força explanatória, mas torna difícil explicar alguns aspectos do nosso comportamento. Pense no altruísmo: por que a sobrevivência do mais apto explica o motivo de as pessoas se ajudarem? A seleção do indivíduo mais forte não parece abranger esse aspecto e, assim, os teóricos introduziram a ideia da "seleção por parentesco". Isso significa que eu não me importo apenas comigo, mas também com outros com quem partilho material genético, como irmãos e primos. O biólogo da evolução J. S. Haldane brincou a respeito: "Eu pularia alegremente em um rio para salvar dois irmãos meus, ou oito primos."

Entretanto, nem a seleção por parentesco é suficiente para explicar todos os aspectos do comportamento humano, porque as pessoas se reúnem e cooperam independentemente de parentesco. Essa observação leva à ideia da "seleção de grupo". O conceito é este: se o grupo é composto inteiramente de pessoas que cooperam, todos se beneficiarão. Em média, você vai se sair melhor do que os outros que não são muito cooperativos com os vizinhos. Juntos, os integrantes de um grupo podem se ajudar mutuamente a sobreviver. Essas pessoas ficam mais seguras, mais produtivas e têm maior capacidade de superar os desafios. O impulso para criar vínculos com os outros é chamado de eussocialidade (*eu* é a palavra grega para *bom*) e proporciona uma cola, independentemente de parentesco, que permite a formação de tribos, grupos e nações. Não é que a seleção individual não aconteça, ela apenas não fornece um quadro completo. Embora a espécie humana seja competitiva e individualista na maior parte do tempo, também é verdade que passamos uma parte considerável da vida cooperando pelo bem do grupo. Isso permitiu que as populações humanas prosperassem por todo o planeta e formassem sociedades e civilizações – feitos que os indivíduos, por mais aptos que fossem, jamais conseguiriam realizar de maneira isolada. O verdadeiro progresso só é possível com alianças que se tornam confederações e nossa eussocialidade é um dos fatores mais importantes na riqueza e complexidade do mundo moderno.

Assim, nosso impulso para nos unir em grupos produz uma vantagem para a sobrevivência, mas existe também um lado negro. Para cada pessoa que pertence a um grupo, deve existir pelo menos alguém do lado de fora.

OS EXCLUÍDOS

Compreender grupos internos e excluídos é fundamental para entender nossa história. Repetidas vezes, por todo o planeta, grupos de pessoas infligiram violência a outros grupos, mesmo àqueles indefesos e que não representam uma ameaça direta. O ano de 1915 viu o assassinato sistemático de mais de um milhão de armênios pelos turcos otomanos. No massacre de Nanquim de 1937, os japoneses invadiram a China e mataram centenas de milhares de civis desarmados. Em 1994, em um período de cem dias, os hutus de Ruanda, usando principalmente facões, mataram 800 mil tutsis.

Não vejo esses fatos com o olhar distante de um historiador. Se você examinasse minha árvore genealógica, veria que a maioria dos galhos chega a um fim repentino no início da década de 1940. Meus parentes foram assassinados porque eram judeus, apanhados nas mandíbulas do genocídio nazista como excluídos que serviram de bode expiatório.

Depois do Holocausto, a Europa adquiriu o hábito de jurar "nunca mais". Porém, cinquenta anos depois, o genocídio aconteceu de novo – desta vez, a somente mil quilômetros de distância, na Iugoslávia. Entre 1992 e 1995, durante a Guerra Iugoslava, mais de cem mil muçulmanos foram chacinados por sérvios em atos violentos que ficaram conhecidos como "limpeza étnica". Um dos piores eventos da guerra aconteceu em Srebrenica: ali, no curso de dez dias, oito mil muçulmanos bósnios, conhecidos como bosniaks, foram mortos a tiros. Eles tinham se refugiado dentro de um complexo das Nações Unidas depois que Srebrenica foi cercada pelas forças sérvias, mas, em 11 de julho de 1995, os comandantes das Nações Unidas expulsaram todos os refugiados do complexo, entregando-os às mãos dos inimigos, que esperavam do lado de fora dos portões. Mulheres foram estupradas, homens, executados e até crianças foram mortas.

Peguei um avião para Sarajevo a fim de compreender melhor o que tinha acontecido e ali tive a oportunidade de conversar com um homem alto e de meia-idade chamado Hasan Nuhanovic. Hasan, um muçulmano bósnio, estava trabalhando no complexo como intérprete da ONU. Sua família também estava lá, entre os refugiados, mas foi expulsa do complexo para morrer, enquanto ele recebeu permissão para ficar apenas porque tinha valor como intérprete. A mãe, o pai e o irmão de Hasan foram mortos naquele dia. A parte que mais o assombra é esta: "A continuação dos massacres, da tortura, era perpetrada por nossos vizinhos, as mesmas pessoas com quem convivemos por décadas. Eles foram capazes de matar os amigos da escola."

SÍNDROME E

O que permite que uma reação emocional diminuída prejudique outra pessoa? O neurocirurgião Itzhak Fried constata que, quando se observam eventos de violência em todo o mundo, encontra-se o mesmo caráter de comportamento por toda parte. É como se as pessoas saíssem de sua função cerebral normal e agissem de uma forma específica. Da mesma maneira como um médico pode procurar tosse e febre para diagnosticar pneumonia, ele sugeriu que podemos procurar e identificar determinados comportamentos que caracterizam perpetradores em situações violentas – e batizou isto de "síndrome E". No contexto de Fried, a síndrome E é caracterizada por uma reatividade emocional diminuída que permite atos repetitivos de violência. A descrição também inclui a excitação que os alemães chamam de *rausch* – uma sensação de júbilo ao realizar esses atos. Existe contágio de grupo: todos fazem o mesmo, a coisa pega e se espalha. Existe compartimentalização, porque alguém pode se importar com a própria família e ainda assim ser violento com a família de outra pessoa.

Da perspectiva neurocientífica, a dica importante é que outras funções cerebrais, como a linguagem, a memória e solução de problemas, estão intactas. Isso sugere que não ocorre alteração em todo o cérebro, mas só em áreas envolvidas na emoção e na empatia. É como se elas entrassem em curto-circuito e não participassem mais da tomada de decisões. Em vez disso, as opções de um perpetrador agora são estimuladas por partes do cérebro que sustentam a lógica, a memória, o raciocínio e assim por diante, mas não pelas redes que envolvem a consideração emocional de como é ser o outro. Na opinião de Fried, isso equivale a desligamento moral. As pessoas não estão mais usando os sistemas emocionais que comandam, em circunstâncias normais, sua tomada de decisão social.

Para exemplificar como a interação social normal entrou em colapso, ele me contou como os sérvios prenderam um dentista bosniak. Penduraram o homem pelos braços em um poste, depois o espancaram com uma barra de metal até que ele quebrou a coluna. Hasan afirma que o dentista ficou pendurado ali por três dias enquanto crianças sérvias passavam por seu corpo a caminho da escola. Ele conta: "Existem valores universais e esses valores são muito básicos: não mate. Em abril de 1992, esse 'não mate' de repente desapareceu e se transformou em 'vá em frente, mate'."

O que permite uma mudança tão alarmante na interação humana? Como isso pode ser compatível com uma espécie eussocial? Por que o genocídio continua a acontecer em todo o planeta? Por tradição, examinamos a guerra e os assassinatos no contexto da história, da economia e da política. Porém, para ter um quadro completo, acredito que precisamos também entendê-lo como um fenômeno neural. Normalmente, assassinar um vizinho seria um ato irracional. Então, o que permite repentinamente que centenas ou milhares de pessoas façam exatamente isto? O que há em determinadas situações que provoca um curto-circuito no funcionamento social normal do cérebro?

ALGUNS MAIS IGUAIS DO QUE OUTROS

O colapso do funcionamento social normal pode ser estudado no laboratório? Eu criei um experimento para descobrir a resposta.

A primeira pergunta era simples: será que o seu senso básico de empatia para com alguém muda dependendo de esse alguém pertencer ou não ao seu grupo íntimo? Colocamos os participantes no escâner. Eles veem seis mãos na tela. Como uma roda da fortuna em um programa de TV, o computador escolhe aleatoriamente uma das mãos. Essa mão então se expande no meio da tela e você a vê ser tocada por um cotonete ou perfurada pela agulha de uma seringa. Esses dois atos geram a mesma atividade no sistema visual, porém têm reações muito diferentes no resto do cérebro.

Como vimos anteriormente, assistir a outra pessoa sentindo dor ativa nossa própria matriz da dor. Essa é a base da empatia. Assim, agora podemos elevar o nível de nossas perguntas sobre a empatia. Depois que determinamos esta condição básica, fazemos uma alteração muito simples: as mesmas seis mãos aparecem na tela, mas agora cada uma delas tem um rótulo com uma palavra, dizendo cristão, judeu, ateu, muçulmano, hindu ou cientologista. Quando era escolhida ao acaso, a mão se expandia no meio da tela e depois era tocada pelo cotonete ou furada pela agulha de seringa. Nossa questão experimental era esta: o seu cérebro se importaria tanto quando visse alguém de fora de seu grupo sendo machucado?

Encontramos muita variabilidade individual, mas, em média, o cérebro das pessoas mostrava uma reação empática maior quando elas viam alguém de seu grupo sentindo dor, e uma resposta menor quando era um membro de fora do grupo. O resultado é especialmente digno de nota, uma vez que eram simplesmente rótulos com uma só palavra: é preciso muito pouco para determinar a participação num grupo.

Uma categorização básica é suficiente para alterar a resposta pré-consciente do cérebro a outra pessoa com dor. Podemos ter opiniões sobre a tendência à discórdia na religião, mas há uma questão mais profunda a ser observada aqui: em nosso estudo, até os ateus mostraram uma reação maior à dor na mão rotulada de "ateu" e uma reação menos empática com as outras etiquetas. Assim o resultado não gira fundamentalmente em torno da religião e sim do grupo a que você pertence.

Vemos que as pessoas podem sentir uma empatia menor por quem não pertence a seu grupo. Mas, para entender algo como a violência ou o genocídio, ainda precisamos ir mais longe, até a desumanização.

Lasana Harris, da Universidade de Leiden, na Holanda, tem feito uma série de experimentos que nos aproximam mais da compreensão de como isso acontece. Harris procura alterações na rede social do cérebro, em particular no córtex pré-frontal medial (CPFM). Essa região se torna ativa quando você interage com outras pessoas ou pensa nelas – mas não é ativa quando estamos lidando com objetos inanimados, como uma xícara de café.

Harris mostra aos voluntários fotografias de pessoas de diferentes grupos sociais, por exemplo, sem-teto ou viciados em drogas. E descobriu que o CPFM é menos ativo quando os participantes observam um sem-teto. É como se a pessoa mais parecesse um objeto.

Córtex
pré-frontal
medial

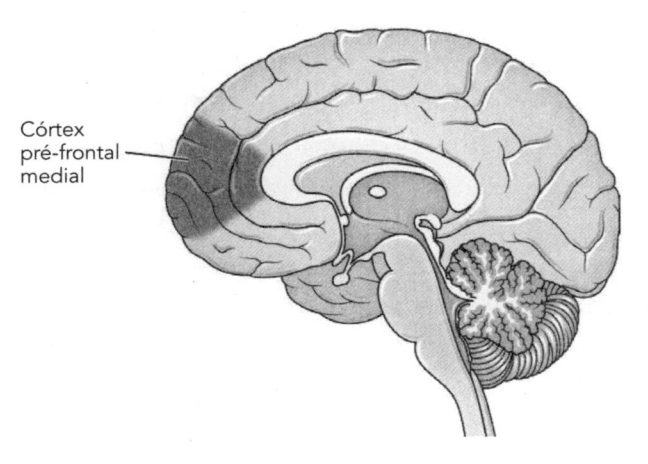

O córtex pré-frontal medial está envolvido no pensamento em outras pessoas – na maioria das outras pessoas, pelo menos.

Como afirma Harris, quando alguém desativa os sistemas que veem um sem-teto como outro ser humano, não é necessário experimentar as pressões desagradáveis de se sentir mal por não lhe dar dinheiro. Em outras palavras, o sem-teto tornou-se desumanizado: o cérebro o vê mais como objeto e menos como gente. Não é de surpreender que seja menos provável uma pessoa tratá-lo com consideração. Como explica Harris: "Se você não diagnostica corretamente as pessoas como seres humanos, talvez as regras morais que são reservadas para a pessoa humana não se apliquem."

A desumanização é um componente fundamental do genocídio. Os nazistas viam os judeus como inferiores a humanos, e os sérvios da antiga Iugoslávia viam os muçulmanos da mesma maneira.

Quando estive em Sarajevo, andei pela rua principal da cidade. Durante a guerra, ela ficou conhecida como Rua dos Atiradores porque civis, homens, mulheres e crianças, foram mortos por atiradores agachados nos morros que a cercam e nos prédios vizinhos. A rua se tornou um dos símbolos mais fortes dos horrores da guerra. Como uma rua normal de uma cidade chega a esse ponto?

Essa guerra, como todas as outras, foi estimulada por uma forma eficaz de manipulação neural que tem sido praticada há séculos: a propaganda. Durante a guerra iugoslava, a principal rede de notícias, a Rádio Televisão da Sérvia, era controlada pelo governo e apresentava matérias distorcidas como se fossem fatos, consistentemente. A rede inventou relatos de ataques com motivação étnica, perpetrados por muçulmanos bósnios e croatas contra o povo sérvio. Demonizaram de modo contínuo os bósnios e croatas e usaram linguagem negativa nas descrições de muçulmanos. No auge da bizarrice, a rede exibiu uma reportagem sem nenhum fundamento dizendo que os muçulmanos alimentavam leões famintos do zoológico de Sarajevo com crianças sérvias.

O genocídio só é possível quando acontece a desumanização em escala maciça, e o instrumento perfeito para esse trabalho é a propaganda, que se encaixa bem nas redes neurais que compreendem os outros e diminui a sintonia da empatia que sentimos por eles.

Vimos que nosso cérebro pode ser manipulado por um viés político para desumanizar os outros, o que pode então levar ao lado mais sombrio dos atos humanos. Mas é possível programar nosso cérebro para evitar que isso aconteça? Uma possível solução está em um experimento dos anos 1960 realizado não num laboratório científico, mas em uma escola.

Era o ano de 1968, um dia depois do assassinato do líder dos direitos civis Martin Luther King. Jane Elliott, professora em uma cidade pequena do Iowa, decidiu demonstrar aos alunos do que se tratava o preconceito. Jane perguntou se eles entenderiam a sensação de ser julgado pela cor da pele. Os alunos, em sua maioria, achavam que sim. Mas ela não estava assim tão certa, então lançou o que se destinava a se tornar um experimento famoso. Anunciou que aqueles alunos que tinham olhos azuis eram "as melhores pessoas desta turma".

Jane Elliott: Os alunos de olhos castanhos não terão o direito de usar o bebedouro. Terão de usar copos de papel. Também não vão brincar no pátio com quem tem olhos azuis, porque não são tão bons quanto eles. Hoje, os alunos de olhos castanhos desta turma vão usar coleira, porque assim saberemos de longe de que cor são os seus olhos. Na página 127... Está todo mundo pronto? Todo mundo, menos Laurie. Pronta, Laurie?

Criança: Ela tem olhos castanhos.

Jane: Ela tem olhos castanhos. Você vai começar a notar hoje que passamos muito tempo esperando as pessoas de olhos castanhos.

Um instante depois, Jane procura pela vareta, e dois meninos se manifestam. Rex aponta a ela onde está a vareta e Raymond se oferece, prestativo: "Olha, srta. Elliott, é melhor deixar isso na sua mesa para usar se as pessoas castanhas [sic], digo, as pessoas de olhos castanhos começarem a criar confusão."

Recentemente, eu conversei com esses dois meninos, agora adultos: Rex Kozac e Ray Hansen. Ambos têm olhos azuis. Perguntei se eles se lembravam de como tinham se comportado naquele dia. Ray afirmou: "Fui horrivelmente mau com meus amigos. Eu estava a ponto de implicar com meus amigos de olhos castanhos só para aparecer." Ele se lembrou de que, na época, seu cabelo era muito louro e seus olhos, muito azuis. "E eu era o nazista perfeito. Procurava maneiras de ser cruel com meus amigos, que, minutos ou horas antes, eram muito próximos de mim."

No dia seguinte, Jane inverteu o experimento. Ela anunciou à turma:

> *Quem tem olhos castanhos pode tirar a coleira e colocar numa pessoa de olhos azuis. Quem tem olhos castanhos terá cinco minutos a mais de recreio. Vocês, de olhos azuis, não têm permissão de usar os brinquedos do pátio em hora nenhuma nem podem brincar com as pessoas de olhos castanhos. Os alunos de olhos castanhos são melhores do que os de olhos azuis.*

Rex descreveu como foi a inversão: "É uma coisa que pega o seu mundo e o destrói como você nunca viu." Quando Ray estava no grupo inferior, teve uma sensação tão profunda de perda de personalidade e de identidade, que quase não conseguia se mover.

Uma das coisas mais importantes que aprendemos como seres humanos é assumir uma perspectiva. Em geral, as crianças não costumam fazer isso. Quando se é obrigado a entender como é se colocar no lugar do outro, novas vias cognitivas são abertas. Depois do exercício na turma da srta. Elliott, Rex ficou mais atento contra declarações racistas e se lembra de dizer ao pai que aquilo "não era certo". Rex se lembra desse momento com ternura: ele sentiu que se autoafirmava e que tinha começado a se transformar como pessoa.

O brilhantismo do exercício olhos azuis/olhos castanhos foi o fato de Jane Elliott ter alterado os grupos que eram predominantes. Isso permitiu que as crianças aprendessem uma lição maior: os sistemas de regras podem ser arbitrários. As crianças aprenderam que as verdades do mundo não são fixas e, além disso, não são necessariamente verdades. O exercício deu às crianças o poder de enxergar além das distorções de programas políticos e formar suas próprias opiniões – certamente uma habilidade que queremos para todas as nossas crianças.

A educação tem um papel fundamental na prevenção do genocídio. Só compreendendo o impulso neural para formar grupos internos e de excluídos – e os truques padrão pelos quais a propaganda se aproveita desse impulso – podemos ter esperança de interromper as vias de desumanização que terminam em atrocidade em massa.

Nesta era de *hiperlinks* digitais, é mais importante do que nunca entender as ligações entre os seres humanos. O cérebro humano é fundamentalmente equipado para interagir: somos uma espécie magnificamente social. Embora nossos impulsos sociais às vezes possam ser manipulados, eles também se colocam em cheio no centro da história de sucesso humana.

Você pode supor que termina nos limites de sua pele, mas há um sentido em que não é possível marcar onde você termina e os outros começam. Os seus neurônios e os neurônios de todos no planeta interagem em um superorganismo gigantesco e cambiante. O que demarcamos como você é simplesmente uma rede em outra rede maior. Se quisermos um futuro brilhante para nossa espécie, precisamos continuar a pesquisar como interagem os cérebros humanos – os perigos, bem como as oportunidades. Porque não há meios de evitar a verdade gravada nos circuitos dos nossos cérebros: nós precisamos uns dos outros.

6

QUEM VAMOS NOS TORNAR?

O corpo humano é uma obra-prima de complexidade e beleza – e uma sinfonia de 40 trilhões de células trabalhando em harmonia. Mas tem suas limitações. Os seus sentidos delimitam fronteiras sobre o que você pode viver. Seu corpo impõe limites sobre o que você pode fazer. Mas e se o cérebro pudesse entender novos tipos de inputs e controlar novos tipos de membros, expandindo a realidade em que habitamos? Estamos em um momento da história humana em que o casamento de nossa biologia com a tecnologia transcenderá as limitações do cérebro. Podemos acessar nosso próprio hardware para determinar um rumo para o futuro. Isto representa mudar de forma fundamental o que significará ser humano.

Nos últimos 100 mil anos, nossa espécie esteve numa jornada e tanto: deixamos de viver como caçadores-coletores primitivos que sobreviviam de restos e passamos a ser uma espécie interconectada e conquistadora do planeta que define seu próprio destino. Hoje, desfrutamos de experiências comuns que nossos ancestrais jamais teriam sequer sonhado. Temos rios limpos que podemos trazer para dentro de nossas cavernas bem enfeitadas quando desejarmos. Seguramos pequenos dispositivos do tamanho de uma pedra que contêm o conhecimento do mundo. Costumamos ver do espaço o alto das nuvens e a curvatura de nosso planeta natal. Enviamos mensagens ao outro lado do globo em 80 milissegundos e transferimos arquivos a uma colônia espacial flutuante de humanos a 60 megabits por segundo. Até quando simplesmente vamos de carro para o trabalho, normalmente nos deslocamos a velocidades que superam as grandes obras-primas da biologia, como as chitas. Nossa espécie deve seu sucesso acelerado às propriedades especiais do quilo e meio de matéria armazenada dentro do crânio.

O que há no cérebro humano que possibilitou esta jornada? Se entendermos os segredos por trás de nossas realizações, talvez possamos orientar a força do cérebro de formas diligentes e significativas, para inaugurar um novo capítulo na história humana. O que os próximos mil anos reservam para nós? Como será a raça humana no futuro distante?

UM DISPOSITIVO COMPUTACIONAL FLEXÍVEL

O segredo para compreender nosso sucesso – e nossa oportunidade futura – é a enorme capacidade do cérebro de se adaptar, conhecida como plasticidade cerebral. Como vimos no Capítulo 2, essa característica tem nos permitido entrar em qualquer ambiente e obter as peculiaridades locais de que precisamos para sobreviver, inclusive a língua, as pressões ambientais ou as exigências culturais locais.

A plasticidade do cérebro também é a chave para o nosso futuro, porque abre a porta para fazer modificações em nosso próprio equipamento. Vamos começar pela compreensão do quanto o cérebro é flexível como dispositivo computacional. Pense no caso de uma jovem chamada Cameron Mott. Aos quatro anos, ela começou a ter convulsões violentas. As convulsões eram agressivas: Cameron de repente caía no chão, o que exigia o uso de um capacete o tempo todo. Rapidamente ela recebeu o diagnóstico de uma doença rara e debilitante chamada encefalite de Rasmussen. Seus neurologistas sabiam que essa forma de epilepsia levaria à paralisia e, por fim, à morte – e assim propuseram uma cirurgia drástica. Em 2007, em uma operação que levou quase 12 horas, uma equipe de neurocirurgiões removeu toda uma metade do cérebro de Cameron.

Quais seriam os efeitos de longo prazo da remoção de metade de seu cérebro? O que ocorreu é que as consequências foram surpreendentemente leves. Cameron tem um lado do corpo mais fraco, mas, tirando isso, essencialmente não pode ser distinguida das outras crianças de sua turma. Ela não tem problemas para compreender a língua, a música, a matemática, as histórias. É boa aluna e participa de esportes.

Como isso é possível? Não é que metade do cérebro de Cameron simplesmente não fosse necessária; na realidade, a metade restante remodelou seus circuitos dinamicamente para assumir as funções perdidas, espremendo todas as operações em metade do espaço cerebral. A recuperação de Cameron sublinha uma capacidade extraordinária do cérebro: ele se remodela para se adaptar aos dados que entram, aos que são emitidos e às tarefas que precisa cumprir.

Desta forma decisiva, o cérebro é fundamentalmente diferente do hardware de nossos computadores digitais. Ele é um circuito vivo que reconfigurou o próprio circuito. Embora o cérebro adulto não seja tão flexível quanto o de uma criança, ainda conserva uma capacidade impressionante de se adaptar e mudar. Como vimos em capítulos anteriores, sempre que aprendemos alguma coisa nova, seja um mapa de Londres ou a capacidade de empilhar copos, o cérebro se transforma. É essa propriedade do cérebro – sua plasticidade – que permite uma nova combinação entre nossa tecnologia e nossa biologia.

CONEXÃO COM DISPOSITIVOS PERIFÉRICOS

Nós nos tornamos progressivamente melhores na conexão de um mecanismo diretamente com o corpo. Talvez você não perceba, mas, no momento, centenas de milhares de pessoas andam pelo mundo com audição ou visão artificial.

Com um dispositivo chamado implante coclear, um microfone externo digitaliza um sinal sonoro e o envia ao nervo auditivo. Da mesma maneira, o implante retinal digitaliza um sinal de uma câmera e o envia por uma grade de eletrodos conectada ao nervo ótico, no fundo do olho. Esses dispositivos restauram os sentidos de surdos e cegos em todo o mundo.

Nem sempre ficou claro que uma abordagem dessas funcionaria. Quando essas tecnologias foram introduzidas, muitos pesquisadores foram céticos: os circuitos do cérebro são tão precisos e específicos, que não estava evidente se poderia haver um diálogo significativo entre eletrodos de metal e células biológicas. Será que o cérebro conseguiria entender sinais rudimentares, não biológicos, ou ficaria confuso com eles?

O que acontece é que o cérebro aprende a interpretar os sinais. Para o cérebro, acostumar-se a esses implantes é meio parecido com aprender uma nova língua. No início, os sinais elétricos estranhos são ininteligíveis, mas as redes neurais por fim encontram padrões nos dados que recebem. Embora os sinais de entrada sejam rudimentares, o cérebro encontra um jeito de entendê-los. Ele procura pa-

VISÃO E AUDIÇÃO ARTIFICIAIS

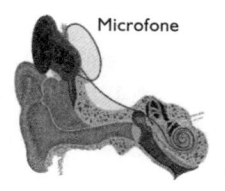

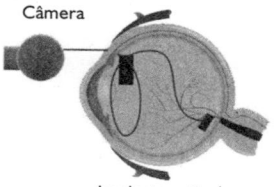

Microfone   Câmera

Implante coclear   Implante retinal

Um implante coclear contorna problemas na biologia do ouvido e entrega os sinais de áudio diretamente ao nervo auditivo intacto, que é o cabo de dados do cérebro para enviar impulsos elétricos ao córtex auditivo para decodificação. O implante capta sons externos e os transmite ao nervo auditivo por meio de 16 eletrodos mínimos. A experiência de ouvir não chega de imediato: as pessoas precisam aprender a interpretar o dialeto estranho dos sinais entregues ao cérebro. Um receptor de implante coclear chamado Michael Chorost descreve sua experiência:

"Quando o dispositivo foi ligado um mês depois da cirurgia, a primeira frase que ouvi parecia um 'Zzz szzz szzzz z zzzzfszzzmzzz?'. Meu cérebro aos poucos aprendeu a interpretar o sinal estranho. Não demorou para 'Zzz szzz szzzz z zzzzfszzzmzzz?' se transformar em 'O que você comeu no café da manhã?'. Depois de meses de prática, eu conseguia usar de novo o telefone e até podia conversar em bares e lanchonetes barulhentas."

Os implantes retinais funcionam com base em princípios semelhantes. Os eletrodos mínimos do implante retinal contornam as funções normais da placa fotorreceptora, enviando suas faíscas minúsculas de atividade elétrica. Esses implantes são usados principalmente para doenças oculares em que os fotorreceptores do fundo do olho sofrem degeneração, mas onde as células do nervo ótico continuam saudáveis. Embora os sinais enviados pelo implante não sejam exatamente aquilo a que o sistema visual está acostumado, os processos mais à frente conseguem aprender a obter a informação de que precisam para a visão.

drões e faz uma comparação com os outros sentidos. Se existir estrutura a ser encontrada nos dados que entram, o cérebro a desentoca – e, depois de várias semanas, as informações começam a ter significado. Apesar de os implantes proporcionarem sinais ligeiramente diferentes do que fazem nossos órgãos naturais dos sentidos, o cérebro sabe se virar com as informações que recebe.

PLUG AND PLAY: UM FUTURO EXTRASSENSORIAL

A plasticidade do cérebro permite a interpretação de novos dados de entrada. Que oportunidades sensoriais ela oferece?

Chegamos ao mundo com um conjunto padrão de sentidos básicos: audição, tato, visão, olfato e paladar, junto com outros sentidos como equilíbrio, vibração e temperatura. Os sensores que temos são os portais pelos quais captamos sinais de nosso ambiente.

Porém, como vimos no primeiro capítulo, estes sentidos só nos permitem experimentar uma fração minúscula do mundo. Todas as fontes de informação para as quais não temos sensores são invisíveis para nós.

Penso em nossos portais sensoriais como dispositivos periféricos *plug and play*. A chave é que o cérebro não sabe da origem dos dados e não se importa com isso. Independentemente do tipo de informação, o cérebro entende o que fazer com ela. Nesse contexto, penso no cérebro como um dispositivo computacional de uso geral: ele opera com o que recebe. A ideia é que a Mãe Natureza só precisou inventar os princípios da operação cerebral uma vez e depois ficou livre para mexer com o projeto de novos canais de entrada.

O resultado é que todos esses sensores que conhecemos e amamos são apenas dispositivos que podem ser permutados. Conecte-os e o cérebro pode trabalhar. Neste contexto, a evolução não precisa reprojetar continuamente o cérebro, apenas os periféricos, e o cérebro deduz como utilizá-los.

Dê uma olhada pelo reino animal e encontrará uma variedade impressionante de sensores periféricos em uso por cérebros animais. As cobras têm sensores de calor. O ituí--transparente tem eletrossensores para interpretar alterações no campo elétrico local. Vacas e aves têm magnetita, com a qual conseguem se orientar no campo magnético terrestre. Os animais enxergam em ultravioleta; os elefantes conseguem ouvir a distâncias muito longas, enquanto os cães experimentam uma realidade de muitos odores. O caldeirão da seleção natural é o espaço perfeito para hackers, e essas são apenas algumas das muitas maneiras como os genes aprenderam a canalizar informações do mundo exterior para o interior. O resultado é que a evolução construiu um cérebro que pode experimentar muitas camadas diferentes da realidade.

A consequência que eu quero sublinhar é que talvez não exista nada de especial ou fundamental nos sensores a que estamos acostumados. Eles são apenas o que herdamos de uma história complexa de limitações evolutivas. Não estamos presos a eles.

Nossa principal prova de princípio para esta ideia vem de um conceito chamado substituição sensorial, que se refere à transmissão de informação sensorial por canais sensoriais incomuns, como a visão por meio do tato. O cérebro deduz o que fazer com as informações porque, para ele, não importa como os dados encontram um jeito de entrar.

A substituição sensorial pode parecer ficção científica, mas, na realidade, já está bem estabelecida. A primeira demonstração foi publicada no periódico *Nature* em 1969. Nesse relato, o neurocientista Paul Bach-y-Rita demonstrou que participantes cegos podiam aprender a "ver" objetos, mesmo quando a informação visual lhes chegava de forma incomum. Os cegos ficavam sentados em uma cadeira de dentista modificada e o sinal de vídeo de uma câmera era convertido em um padrão de pequenas ventosas presas à parte inferior de suas costas. Em outras palavras, se você colocasse um círculo diante da câmera, o participante sentiria um círculo nas costas. Coloque um rosto diante da câmera e o participante sente o rosto nas costas. Incrivelmente, os cegos conseguiam interpretar os objetos e também experimentar o aumento do tamanho de objetos que se aproximavam. Pelo menos em um sentido, eles passaram a ver por intermédio das costas.

Este foi o primeiro exemplo de substituição sensorial dos muitos que se seguiram. As encarnações modernas dessa abordagem incluem transformar um sinal de vídeo em um fluxo de som, ou uma série de pequenos choques na testa ou na língua.

Um exemplo deste último é o dispositivo do tamanho de um selo postal chamado BrainPort, que funciona dando choques elétricos mínimos por meio de uma pequena grade colocada sobre a língua. Um participante cego usa óculos escuros com uma pequena câmera. Os pixels da câmera são convertidos em pulsos elétricos na língua, que sente algo parecido com a efervescência de uma bebida gaseificada. Os cegos podem se tornar bem aptos a usar o BrainPort e percorrer rotas com obstáculos ou jogar uma bola num cesto de basquete. Um atleta cego, Erik Weihenmayer, usa o BrainPort para escalar rochas, avaliando a posição de penhascos e fendas a partir dos padrões na língua.

Parece loucura "enxergar" por meio da sua língua, mas lembre-se de que ver nada mais é do que sinais elétricos em fluxo para a escuridão de seu crânio. Normalmente, isso acontece por meio dos nervos óticos, mas não há motivo para que as informações não fluam usando outros nervos como via. Como demonstra a substituição sensorial, o cérebro recebe quaisquer dados que cheguem e deduz o que pode fazer com eles.

Um dos projetos em meu laboratório é construir uma plataforma para permitir a substituição sensorial. Especificamente, montamos uma tecnologia vestível chamada Variable Extra-Sensory Transducer (Transdutor Extrassensorial Variável), ou VEST. Usado disfarçadamente por baixo da roupa, o VEST é coberto de motores vibratórios minúsculos. Estes motores convertem fluxos de dados em padrões dinâmicos de vibração pelo tronco. Estamos usando o VEST para dar audição a surdos.

Depois de cerca de cinco dias usando o VEST, uma pessoa que nasceu surda pode identificar corretamente palavras faladas. Embora os experimentos ainda estejam em fase inicial, esperamos que, depois de vários meses usando o VEST, os usuários venham a ter uma experiência receptiva direta – em essência, o equivalente à audição.

Pode parecer estranho que uma pessoa passe a ouvir por intermédio de padrões em movimento de vibração no tronco. Porém, assim como acontece com a cadeira de dentista ou a grade na língua, o truque é o seguinte: não importa ao cérebro como recebe as informações, desde que cheguem a ele.

AUMENTO SENSORIAL

A substituição sensorial é ótima para driblar sistemas sensoriais falidos – mas, além da substituição, e se pudéssemos usar esta tecnologia para ampliar nosso estoque sensorial? Com este fim, meus alunos e eu atualmente estamos acrescentando novos sentidos ao repertório humano para aumentar nossa experiência do mundo.

Pense no seguinte: a internet transmite *petabytes* de dados interessantes, mas atualmente só podemos ter acesso às informações olhando o telefone ou a tela do computador. E se você pudesse ter dados em tempo real transmitidos a seu corpo, de modo que se tornasse parte de sua experiência direta do mundo? Em outras palavras, e se você pudesse sentir os dados? Podem ser informações do tempo, do mercado de ações, dados do Twitter, da cabine de um avião ou

O VEST

Para proporcionar substituição sensorial aos surdos, meu aluno de pós-graduação Scott Novich e eu construímos o VEST. Esta tecnologia vestível captura o som do ambiente e o mapeia em pequenos motores vibratórios por todo o tronco. Os motores ativam padrões de acordo com as frequências sonoras. Desta forma, o som se transforma em padrões móveis de vibrações.

No início, esses sinais vibratórios não fazem sentido. Mas, com prática o bastante, o cérebro entende o que fazer com os dados. Os surdos passam a traduzir os complicados padrões no tronco em uma compreensão do que é dito. O cérebro deduz como revelar inconscientemente os padrões, da mesma maneira com que um cego passa a ler em braile sem esforço.

O VEST pode mudar a vida da comunidade de surdos. Ao contrário de um implante coclear, não exige uma cirurgia invasiva e é pelo menos vinte vezes mais barato, o que faz dele uma solução que pode ser global.

A maior visão para o VEST é esta: além do som, ele também pode servir como plataforma para qualquer tipo de informação transmitida encontrar seu caminho para o cérebro.

Veja vídeos do VEST em ação em eagleman.com.

sobre o estado de uma fábrica, tudo codificado como uma nova língua vibratória que o cérebro aprende a entender. À medida que você cumpre as tarefas diárias, pode ter uma percepção direta se o clima é chuvoso 150 quilômetros dali ou se vai nevar no dia seguinte. Ou pode desenvolver intuições sobre aonde vão os mercados de ações, identificando subconscientemente os movimentos da economia global. Ou você pode sentir qual é o assunto do momento no Twitter e assim tirar proveito da consciência da espécie.

Embora isso pareça ficção científica, não estamos tão longe assim desse futuro, graças ao talento do cérebro para obter padrões, mesmo quando não estamos tentando. Esse é o truque que nos permite absorver informações complexas e incorporá-las em nossa experiência sensorial do mundo. Da mesma forma como a leitura desta página, a absorção de novos fluxos de dados acontecerá espontaneamente. Ao contrário da leitura, porém, o acréscimo sensorial seria uma forma de aprender novas informações sobre o mundo sem ter de conscientemente prestar atenção nelas.

No momento, não sabemos os limites – ou se eles existem – para os tipos de dados que o cérebro pode incorporar. Mas está claro que não somos mais uma espécie natural que precisa esperar por adaptações sensoriais numa escala de tempo evolutiva. À medida que avançamos para o futuro, projetaremos cada vez mais nossos próprios portais sensoriais no mundo. Nós nos conectaremos a uma realidade sensorial expandida.

COMO TER UM CORPO MELHOR

Como sentimos o mundo é apenas metade da história. A outra metade é como interagimos com ele. Da mesma forma com que começamos a modificar nossas identidades sensoriais, será que a flexibilidade do cérebro pode ser alavancada de modo a modificar como procuramos e tocamos o mundo?

Conheça Jan Scheuermann. Devido a uma rara doença genética chamada distúrbio espinocerebelar, deterioraram-se os nervos da medula espinhal que ligam seu cérebro aos músculos. Ela consegue sentir o próprio corpo, mas não consegue mexê-lo. Como a própria Jan descreve: "Meu cérebro diz 'levante-se' a meu braço, mas o braço diz 'não estou ouvindo'." A paralisia total fez dela uma candidata ideal para um novo estudo da Faculdade de Medicina da Universidade de Pittsburgh.

Os pesquisadores implantaram dois eletrodos em seu córtex motor esquerdo, a última parada dos sinais cerebrais antes de mergulharem na medula espinhal para controlar os músculos do braço. As tempestades elétricas no córtex de Jan são monitoradas, traduzidas em um computador para que a intenção seja compreendida, e o resultado é usado para controlar o braço robótico mais avançado do mundo.

Quando quer mexer o braço robótico, Jan simplesmente pensa em mexê-lo. Enquanto move o braço, Jan tende a se dirigir a ele na terceira pessoa: "Levante-se. Abaixe-se, mais, mais. Fique reto. Segure. Solte." E o braço faz o que ela quer. Embora ela dê as ordens em voz alta, não tem necessidade disso. Existe uma ligação física direta entre o cérebro e o braço. Jan conta que seu cérebro não esqueceu como se mexe um braço, embora não o tenha movido nem uma vez em dez anos. "É como andar de bicicleta", diz ela.

A proficiência de Jan aponta para um futuro em que usaremos a tecnologia para aprimorar e estender nossos corpos, não só para substituir membros ou órgãos, mas para melhorá-los: elevando-os da fragilidade humana para algo mais durável. O braço robótico de Jan é apenas a primeira sugestão de uma era biônica futura em que conseguiremos controlar equipamentos muito mais fortes e de maior durabilidade do que a pele, os músculos e os ossos quebradiços com que nascemos. Entre outras coisas, abre novas possibilidades para a viagem no espaço, algo para o qual nossos corpos delicados são mal equipados.

Além da substituição de membros, a tecnologia avançada de interface cérebro-máquina sugere possibilidades mais exóticas. Imagine ampliar seu corpo e se tornar algo irreconhecível. Comece por esta ideia: e se você pudesse usar os sinais do cérebro para controlar remotamente um aparelho do outro lado do ambiente? Imagine responder a e-mails enquanto usa seu córtex motor para operar um aspirador de pó controlado pelo pensamento. À primeira vista, o conceito parece inviável, mas lembre-se de que os cérebros são ótimos para realizar tarefas de fundo, sem exigir muita largura de banda consciente. Pense na facilidade com que você dirige um carro enquanto conversa com um carona e mexe no controle do rádio.

Com a tecnologia sem fio e a interface cérebro-máquina correta, não há motivos para que você não consiga controlar remotamente grandes dispositivos como um guindaste ou uma empilhadeira com os seus pensamentos, da mesma maneira com que pode, mesmo estando distraído, cavar usando uma colher de pedreiro ou tocar violão. Sua capacidade de fazer bem essas coisas pode ser aprimorada por resposta sensorial, que pode ser visual (você vê como a máquina se move), ou mesmo enviando dados ao córtex somatossensorial (você sente como a máquina se move). O controle desses membros exigiria prática e, no início, seria desajeitado, como um bebê que precisa se debater por alguns meses para aprender a controlar braços e pernas. Com o tempo, essas máquinas efetivamente se tornariam um membro a mais – que pode ser extraordinariamente forte, hidráulico ou não. Elas virão a parecer o que seus braços e pernas lhe parecem agora. Seriam apenas outro membro, simples extensões de nós.

Não conhecemos um limite teórico para os tipos de sinais que o cérebro pode aprender a incorporar. Talvez seja possível ter quase qualquer corpo físico e qualquer tipo de interação com o mundo que desejarmos. Não há motivos para que uma extensão de você não possa cuidar de tarefas do outro lado do planeta, ou minerar rochas na Lua enquanto você desfruta de um sanduíche aqui na Terra.

O corpo com que chegamos é, na realidade, apenas o ponto de partida para a humanidade. No futuro distante, não estaremos apenas estendendo nossos corpos físicos, mas fundamentalmente nosso senso de identidade. À medida que apreendermos novas experiências sensoriais e controlarmos novos tipos de corpos, isto nos mudará profundamente como indivíduos: nossa fisicalidade arma o palco para como sentimos, como pensamos e quem somos. Sem as limitações dos sentidos padrão e do corpo padrão, nós nos tornaremos pessoas diferentes. Nossos tataranetos talvez venham a se esforçar para entender quem éramos e o que era importante para nós. Neste momento da história, talvez tenhamos mais em comum com nossos ancestrais da Idade da Pedra do que com nossos descendentes no futuro próximo.

SOBREVIVER

Já começamos a estender o corpo humano, porém, por mais que nos aprimoremos, existe um empecilho difícil de evitar: nossos cérebros e corpos são formados de matéria física, vão se deteriorar e morrer. Chegará um momento em que toda a sua atividade neural cessará e a gloriosa experiência de estar consciente terá seu fim. Não importa quem você conheça ou o que faça: este é o destino de todos nós. Na realidade, é o destino de toda a vida, mas só o homem é tão extraordinariamente previdente, que sofre com este conhecimento.

Nem todos se contentam com o sofrer: alguns escolheram combater o espectro da morte. Confederações dispersas de pesquisadores estão interessadas na ideia de que uma melhor compreensão de nossa biologia pode abordar a questão da mortalidade. E se não tivermos de morrer no futuro?

Quando meu amigo e mentor Francis Crick foi cremado, passei algum tempo pensando que era uma pena que toda sua matéria neural tenha ardido nas chamas. Aquele cérebro continha todo o conhecimento, sabedoria e intelecto de um dos campeões peso-pesado da biologia do século XX. Todos os arquivos de sua vida – suas lembranças, a capacidade de insight, o senso de humor – estavam armazenados na estrutura física do cérebro e simplesmente porque seu coração parou, todos jogaram fora alegremente o disco rígido. Isso me fez pensar: poderiam as informações no cérebro dele ser preservadas de alguma forma? Se o cérebro fosse preservado, será que os pensamentos, a consciência e a personalidade de alguém um dia poderiam voltar à vida?

Nos últimos 50 anos, a Alcor Life Extension Foundation vem desenvolvendo uma tecnologia que, acredita a fundação, permitirá que as pessoas vivas hoje venham a desfrutar de um segundo ciclo de vida depois. A organização armazena atualmente 129 pessoas em congelamento profundo, interrompendo a decomposição biológica.

É assim que funciona a criopreservação: primeiro, a parte interessada determina que a fundação é beneficiária de seu seguro de vida. Depois, com a declaração legal de sua morte, a Alcor é alertada. Uma equipe local aparece para cuidar do corpo.

De imediato, a equipe transfere o corpo para um banho de gelo. Em um processo conhecido como perfusão crioprotetora, eles circulam 16 substâncias químicas diferentes para proteger as células enquanto o corpo é resfriado. Em seguida, o corpo é transferido o mais rápido possível à sala de operações da Alcor, para a última fase dos procedimentos. O corpo é resfriado por ventiladores controlados por computador, circulando gás nitrogênio numa temperatura extremamente baixa. O objetivo é resfriar todas as partes do corpo abaixo de -124°C com a maior rapidez possível, a fim de evitar qualquer formação de gelo. O processo consome cerca de três horas, no fim das quais o corpo terá "vitrificado", isto é, chegará a uma condição estável, sem gelo. O corpo é então ainda mais resfriado, a uma temperatura de -196°C, nas duas semanas seguintes.

Nem todos os clientes escolheram ter o corpo todo congelado. Uma opção mais barata é simplesmente preservar a cabeça. A separação entre cabeça e corpo é realizada em uma mesa cirúrgica, onde o sangue e os fluidos são retirados e, como acontece com os clientes de corpo inteiro, substituídos por líquidos que fixam os tecidos.

No fim do procedimento, os clientes são baixados em fluido ultrarresfriado em gigantescos cilindros de aço inox chamados *dewars*. É ali que permanecerão por um longo tempo; hoje, ninguém no planeta sabe como descongelar e reanimar com sucesso esses residentes congelados. Mas a questão não é esta. Há esperança de que um dia venha a existir tecnologia para cuidadosamente descongelar – e depois ressuscitar – as pessoas desta comunidade. Presume-se que as civilizações do futuro distante terão dominado a tec-

MORTE LEGAL E MORTE BIOLÓGICA

Uma pessoa é declarada legalmente morta quando seu cérebro está clinicamente morto ou quando o corpo experimentou a cessação irreversível da respiração e da circulação. Para que o cérebro seja declarado morto, toda atividade deve ter cessado no córtex, envolvido nas funções superiores. Depois da morte cerebral, as funções vitais ainda podem ser mantidas por doação de órgãos ou doação de corpo, um fato crítico para a Alcor. A morte biológica, por outro lado, acontece na ausência de intervenção e envolve a morte de células por todo o corpo: nos órgãos e no cérebro, e significa que os órgãos não são mais adequados para doação. Sem o oxigênio do sangue circulante, as células rapidamente começam a morrer. Para preservar o corpo e o cérebro em sua forma menos degradada, a morte celular deve ser detida, ou pelo menos desacelerada, o mais rápido possível. Além disso, a prioridade durante o resfriamento é evitar a formação de cristais de gelo, que podem destruir as delicadas estruturas das células.

nologia para curar as doenças que devastaram esses corpos e os levaram a parar.

Os membros da Alcor entendem que talvez jamais venha a existir a tecnologia para ressuscitá-los. Cada pessoa que mora nos *dewars* da Alcor dá um salto de fé, torcendo e sonhando para que um dia se materialize a tecnologia que a descongele, ressuscite e lhe dê uma segunda chance na vida. O empreendimento é uma aposta de que o futuro desenvolverá a tecnologia necessária. Conversei com um integrante da comunidade (que espera, quando chegar a hora, sua eventual entrada nos *dewars*) e ele admitiu que todo o conceito era um jogo. Porém, como ele observou, esse jogo pelo menos lhe dá uma chance maior do que zero de enganar a morte, chances melhores do que tem o resto de nós.

O doutor Max More, diretor das instalações, não usa a palavra "imortalidade". Em vez disso, disse ele, a Alcor existe para dar às pessoas uma segunda chance na vida, com o potencial de viver milhares de anos ou mais. Até que chegue essa época, a Alcor é seu lugar de descanso final.

IMORTALIDADE DIGITAL

Nem todos com um pendor pela extensão da vida gostam da criopreservação. Outros seguiram uma linha diferente de investigação: e se existissem outras maneiras de ter acesso às informações armazenadas em um cérebro? Não trazendo um falecido de volta à vida, mas encontrando um jeito de ler diretamente os dados? Afinal, a detalhada estrutura submicroscópica de nosso cérebro contém todo o nosso conhecimento e nossas lembranças – então, por que este "livro" não pode ser decifrado?

Vamos dar uma olhada no que é necessário para fazer isso. Para começar, precisamos de computadores extraordinariamente potentes para armazenar os dados detalhados de um só cérebro. Felizmente, nossa capacidade computacional, que cresce exponencialmente, sugere fortes possibilidades. Nos últimos vinte anos, a capacidade de computação aumentou mais de mil vezes. O poder de processamento dos chips de computador tem aproximadamente dobrado a cada 18 meses e esta tendência continua. As tecnologias da era moderna nos permitem armazenar quantidades inimagináveis de dados e fazer simulações gigantescas.

Em vista de nosso potencial de computação, é provável que um dia possamos transferir uma cópia funcional do cérebro humano para um substrato de computador. Em tese, não há nada que exclua esta possibilidade. Porém, o desafio precisa ser avaliado de forma realista.

O cérebro típico tem cerca de 86 bilhões de neurônios, cada um deles fazendo cerca de 10 mil conexões. Eles se conectam de uma forma muito específica, única em cada pessoa. Suas experiências, suas lembranças, todas as coisas que fazem você ser quem é são representadas pelo padrão singular do quatrilhão de conexões entre as células de seu cérebro. Este padrão, grande demais para ser compreendido, é resumido como seu "conectoma". Em um empreendimento ambicioso, o doutor Sebastian Seung, de Princeton, trabalha com sua equipe para desencavar os pormenores de um conectoma.

Com tal sistema microscópico e complexo, é tremendamente complicado mapear a rede de conectividade. Seung usa microscopia eletrônica serial, que envolve fazer uma série de cortes muito finos do tecido encefálico, usando uma lâmina extremamente precisa (no momento, são utilizados cérebros de camundongo, não de humanos). Cada corte é subdividido em áreas minúsculas e cada uma delas é varrida por um microscópio eletrônico extraordinariamente potente. O resultado de cada varredura é uma imagem conhecida como micrografia eletrônica, que representa um segmento do cérebro ampliado 100 mil vezes. A esta resolução, é possível distinguir as delicadas características do cérebro.

Depois que estes cortes são armazenados no computador, começa o trabalho mais difícil. A partir de uma fatia muito fina de cada vez, são traçados os limites da célula – tradicionalmente à mão, mas cada vez mais por algoritmos de computador. Em seguida, as imagens são empilhadas e é feita uma tentativa de relacionar toda a extensão de células individuais pelas fatias, para que sejam reveladas em sua riqueza tridimensional. Desta forma aflitiva, surge um modelo, revelando o que está conectado com o quê.

O denso espaguete de conexões tem apenas alguns bilionésimos de metro transversalmente, mais ou menos o tamanho da cabeça de um alfinete. Não é difícil entender por que reconstruir o quadro completo de todas as conexões em um cérebro humano é uma tarefa tão assustadora e que não temos esperança real de realizar tão cedo. A quantidade de dados exigida é gigantesca: armazenar a arquitetura em alta resolução de um único cérebro humano exigiria um *zetabyte* de capacidade. Este é o tamanho de todo o conteúdo digital do planeta neste momento.

Avançando ainda mais no futuro, vamos imaginar que podemos obter um escaneamento do *seu* conectoma. As informações seriam suficientes para representar você? Esse instantâneo de todo o circuito de seu cérebro poderia realmente ter consciência – a *sua* consciência? Provavelmente não. Afinal, o diagrama de circuito (que nos mostra o que está conectado com o quê) é apenas metade da magia do funcionamento de um cérebro. A outra metade é toda

O RITMO DA MUDANÇA TECNOLÓGICA

Em 1965, Gordon Moore, cofundador da gigante da computação Intel, fez uma previsão sobre a taxa de progresso na capacidade da computação. "A Lei de Moore" prevê que, à medida que os transistores se tornarem menores e mais precisos, o número que pode caber em um chip de computador duplicará a cada dois anos, aumentando exponencialmente com o tempo a capacidade de computação. A previsão de Moore tem se provado verdadeira pelas décadas que passaram e se tornou sinônimo do ritmo exponencialmente acelerado das mudanças tecnológicas. A Lei de Moore é usada pelo setor de computação para orientar o planejamento de longo prazo e estabelecer metas para o progresso tecnológico. Como a lei prevê que o progresso tecnológico aumentará exponencialmente e não de forma linear, alguns pressupõem que haverá, à taxa atual, o equivalente a vinte mil anos de progresso nos próximos cem anos. Neste ritmo, podemos esperar avanços radicais na tecnologia com que contamos.

Progresso na capacidade de processamento com o tempo

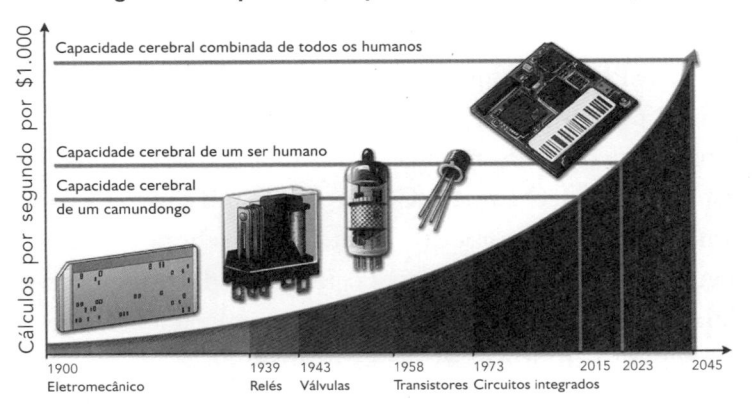

Eixo Y: Cálculos por segundo por $1.000

- Capacidade cerebral combinada de todos os humanos
- Capacidade cerebral de um ser humano
- Capacidade cerebral de um camundongo

Eixo X (Tempo):
- 1900 Eletromecânico
- 1939 Relés
- 1943 Válvulas
- 1958 Transistores
- 1973 Circuitos integrados
- 2015
- 2023
- 2045

a atividade elétrica e química que acontece além dessas conexões. A alquimia de pensar, sentir e de ter consciência surge de quadrilhões de interações entre células cerebrais a cada segundo: a liberação de substâncias químicas, as mudanças no formato das proteínas, as ondas de atividade elétrica que viajam pelos axônios dos neurônios.

Pense na enormidade do conectoma, depois a multiplique pelo vasto número de coisas que acontecem a cada segundo em cada uma destas conexões e você terá uma ideia da magnitude do problema. Infelizmente para nós, sistemas dessa magnitude não podem ser compreendidos pelo cérebro humano. Felizmente, nossa capacidade de computação caminha na direção certa para um dia nos abrir uma possibilidade: uma simulação do sistema. O próximo desafio não é apenas ler o sistema, mas fazê-lo rodar.

É exatamente uma simulação dessas que uma equipe de pesquisadores da École Polythecnique Fédérale de Lausanne (EPFL), na Suíça, está tentando realizar. O objetivo deles é ter pronta em 2023 uma infraestrutura de software e hardware capaz de executar uma simulação de todo o cérebro humano. O Projeto Cérebro Humano é uma missão ambiciosa de pesquisa que coleta dados laboratoriais de neurociência em todo o planeta, incluindo dados sobre células individuais (seu conteúdo e estrutura) e dados de conectomas e informações sobre padrões de atividade em larga escala em grupos de neurônios. Aos poucos, um experimento de cada vez, cada nova descoberta no planeta fornece uma peça minúscula de um quebra-cabeça titânico. O objetivo do Projeto Cérebro Humano é realizar uma

MICROSCOPIA ELETRÔNICA SERIAL E O CONECTOMA

Os sinais do ambiente são traduzidos em sinais eletroquímicos transportados pelas células cerebrais. Este é o primeiro passo pelo qual o cérebro obtém informações do mundo fora do corpo.

Traçar o denso emaranhado de bilhões de neurônios interconectados exige tecnologia especializada, bem como a lâmina mais afiada do mundo. Uma técnica chamada "microscopia eletrônica de varredura serial *block-face*" gera modelos em 3D de alta resolução de vias neurais completas a partir de cortes minúsculos do tecido encefálico. É a primeira técnica a produzir imagens em 3D do cérebro na resolução da nanoescala (um bilionésimo de metro).

Como um fatiador de frios, uma lâmina de diamante de alta precisão instalada dentro de um microscópio de varredura corta camada após camada de um bloco mínimo de cérebro, produzindo uma tira de filme em que cada quadro é uma fatia ultrafina. Cada corte é escaneado por um microscópio eletrônico. As varreduras são então depositadas digitalmente uma por cima da outra, criando um modelo 3D de alta resolução do bloco original.

Rastreando as características fatia a fatia, surge um modelo do emaranhado de neurônios que se entrecruzam e se entrelaçam. Como um neurônio médio pode ter entre 4 a 100 bilionésimos de metro de extensão e 10 mil ramificações diferentes, trata-se de uma tarefa formidável. O desafio de mapear um conectoma humano inteiro deve levar várias décadas.

simulação de cérebro que use neurônios detalhados, de estrutura e comportamento realistas. Mesmo com esse objetivo ambicioso e mais de um bilhão de euros de financiamento da União Europeia, o cérebro humano ainda está inteiramente fora de nosso alcance. A meta atual é construir uma simulação do cérebro de um rato.

Estamos apenas no início de nosso empreendimento de mapear e simular um cérebro humano inteiro, mas não há motivo teórico para que não cheguemos lá. A questão fundamental é: uma simulação funcional do cérebro seria consciente? Se as informações fossem capturadas e simuladas corretamente, teríamos diante de nós um ser senciente? Ele pensaria e teria consciência de si?

A CONSCIÊNCIA EXIGE MATÉRIA FÍSICA?

Da mesma forma como um programa de computador pode rodar em equipamentos diferentes, o programa da mente também pode rodar em outras plataformas. Pense na possibilidade desta maneira: e se não existisse nada de especial nos neurônios biológicos em si e, em vez disso, a pessoa se tornasse quem é apenas pelo modo como eles se comunicam? Esta perspectiva é conhecida como hipótese computacional do cérebro. A ideia é que os neurônios, as sinapses e outros materiais biológicos não são ingredientes fundamentais: o fundamental são as computações que eles estejam implementando. É possível que o que importe não seja o que o cérebro fisicamente é, mas o que ele faz.

CÉREBROS DE RATO

O rato tem uma fama horrível por grande parte da história humana, mas para a neurociência moderna ele (e o camundongo) tem um papel fundamental em muitas áreas de pesquisa. Os ratos têm cérebros maiores do que os camundongos, mas ambos têm semelhanças importantes com o cérebro humano – em particular, a organização do córtex cerebral, a camada mais externa que é tão importante para o raciocínio abstrato.

Esta camada é dobrada sobre si, permitindo que seja mais compactada no crânio. Se você abrisse o córtex adulto médio, cobriria 2.500 cm^2 (uma toalha de mesa pequena). O cérebro do rato, por sua vez, é completamente liso. Apesar destas diferenças evidentes na aparência e no tamanho, existem semelhanças fundamentais entre os dois no nível celular.

Ao microscópio, é quase impossível saber a diferença entre um neurônio de rato e outro humano. Os dois cérebros formam redes de um jeito muito parecido e passam pelas mesmas fases de desenvolvimento. Os ratos podem ser treinados para cumprir tarefas cognitivas – de distinguir entre odores a encontrar a saída de um labirinto –, e isso permite aos pesquisadores correlacionar as particularidades de sua atividade neural com tarefas específicas.

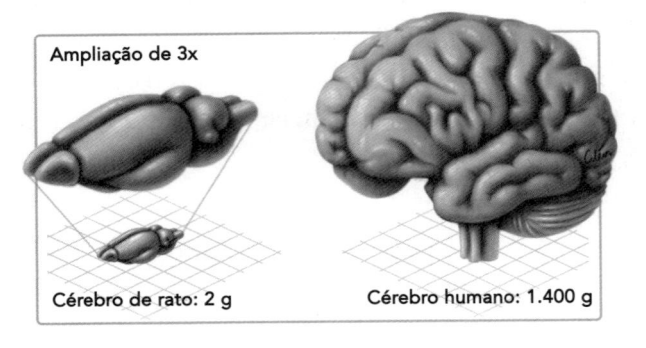

Ampliação de 3x

Cérebro de rato: 2 g   Cérebro humano: 1.400 g

Se isso se mostrar verdadeiro, então, em teoria, você pode rodar o cérebro em qualquer substrato. Se as computações correrem do jeito certo, todos os seus pensamentos, emoções e complexidades devem surgir como um produto das comunicações complexas dentro do novo material. Em tese, você pode trocar células por circuitos ou oxigênio por eletricidade: o meio não importa, desde que todas as peças estejam ligadas e interagindo da maneira correta. Assim, talvez possamos "rodar" uma simulação plenamente funcional de você sem um cérebro biológico. De acordo com a hipótese computacional, uma simulação dessas seria de fato você.

A hipótese computacional do cérebro limita-se a uma hipótese que ainda não sabemos se é válida. Afinal, pode haver algo de especial e inédito no sistema biológico e, neste caso, ficamos presos à biologia com que nascemos. Porém, se a hipótese computacional estiver correta, a mente pode viver em um computador.

Se for possível simular a mente de alguém, seremos levados a uma pergunta diferente: precisamos copiar o jeito biológico tradicional de fazer isso? Ou seria possível criar um tipo diferente de inteligência, de nossa própria invenção, a partir do zero?

INTELIGÊNCIA ARTIFICIAL

Há muito tempo as pessoas vêm tentando criar máquinas que pensam. Essa linha de pesquisa – a inteligência artificial – existe pelo menos desde os anos 1950. Embora os pioneiros tivessem muito otimismo, o problema se mostrou inesperadamente complicado. Os carros que se dirigem sozinhos em breve chegarão ao mundo, e quase duas décadas já se passaram desde que um computador derrotou um grande mestre do xadrez, mas ainda não existe uma máquina verdadeiramente senciente. Quando eu era criança, esperava que a essa altura teríamos robôs interagindo conosco, cuidando de nós, tendo conversas significativas. O fato de que ainda estamos muito distantes deste resultado demonstra a profundidade do enigma de como funciona o cérebro e a que imensa distância ainda estamos de decodificar os segredos da Mãe Natureza.

Uma das mais recentes tentativas de criar inteligência artificial pode ser encontrada na Universidade de Plymouth, na Inglaterra. É o chamado iCub, um robô humanoide projetado e montado para aprender como uma criança humana. Por tradição, os robôs são pré-programados com o que precisam saber a respeito de suas tarefas. Mas e se os robôs conseguissem se desenvolver como fazem os bebês humanos, interagindo com o mundo, imitando e aprendendo pelo exemplo? Afinal, os bebês não chegam ao mundo sabendo falar e andar, mas têm curiosidade, prestam atenção e imitam. Os bebês usam o mundo em que estão como um livro didático para aprender pelo exemplo. Um robô não poderia fazer o mesmo?

O iCub tem mais ou menos o tamanho de uma criança de dois anos. Tem olhos, ouvidos e sensores de tato, e estes lhe permitem interagir com o mundo e aprender a respeito dele.

Se você apresentar um novo objeto ao iCub e lhe der um nome ("Isto é uma bola vermelha"), o programa de computador correlaciona a imagem visual do objeto com o rótulo verbal. Assim, da próxima vez que você mostrar a bola vermelha e perguntar "O que é isto?", ele responderá "Isto é uma bola vermelha". O objetivo é que o robô, a cada interação, aumente continuamente sua base de conhecimento. Ao fazer alterações e conexões em seu código interno, ele constrói um repertório de respostas apropriadas.

Acontece com frequência de ele entender mal as coisas. Se você mostrar e der nome a vários objetos e pressionar o iCub a dar o nome de todos, verá vários erros e um grande número de respostas "Eu não sei". Tudo isso faz parte do processo e também revela como é difícil construir inteligência.

Interagi um bom tempo com o iCub e é um projeto impressionante. Porém, quanto mais tempo se passava, mais era evidente que não havia mente por trás do programa. Apesar dos olhos grandes, da voz amistosa e dos movimentos infantis, fica claro que o iCub não é senciente. Ele funciona segundo linhas de código e não de raciocínio. Embora ainda estejamos nos primórdios da inteligência artificial, é difícil deixar de remoer uma questão antiga e profunda da filosofia: poderiam as linhas de código de computador um dia chegar a pensar? Quando o iCub consegue dizer "bola vermelha", ele de fato experimenta o vermelho ou o conceito do que é redondo? Os computadores fazem apenas o que estão programados para fazer, ou podem de fato ter experiência interna?

UM COMPUTADOR PODE PENSAR?

Será que um computador um dia será programado para que tenha consciência, que tenha mente? Na década de 1980, o filósofo John Searle montou um experimento de raciocínio que vai diretamente ao cerne desta questão. Ele o chamou de Argumento da Sala Chinesa.

Acontece assim: estou trancado numa sala. Eu recebo perguntas por uma pequena fresta para cartas – e essas mensagens são escritas apenas em chinês. Eu não falo chinês. Não tenho a menor ideia do que está escrito nas folhas de papel. Porém, dentro da sala existe uma biblioteca e os livros contêm instruções passo a passo que me dizem exatamente o que fazer com esses símbolos. Olho os símbolos reunidos e simplesmente sigo os passos do livro que me dizem que símbolos chineses copiar numa resposta. Escrevo na folha de papel e a devolvo pela fresta.

Uma oradora chinesa vê sentido em minha resposta. Parece que quem está na sala responde a suas perguntas com perfeição e assim fica evidente que a pessoa na sala deve entender chinês. Eu a enganei, é claro, porque só estou seguindo instruções, sem compreender nada do que está havendo. Com tempo e um conjunto de instruções de tamanho suficiente, posso responder quase a qualquer pergunta que me façam em chinês. Mas eu, o operador, não entendo chinês. Eu manipulo símbolos o dia todo, mas não faço ideia do que eles significam.

Searle argumenta que é exatamente isso que acontece dentro de um computador. Por mais inteligente que pareça um programa como o iCub, ele apenas segue conjuntos de instruções para dar respostas, manipulando símbolos sem compreender realmente o que faz.

O Google é um exemplo desse princípio. Quando você entra com uma busca no Google, ele não entende sua pergunta nem possui uma resposta: alguns números zero e um são deslocados e você recebe números zero e um como resposta. Com um programa impressionante como o Google Tradutor, posso falar uma frase de suaíle e ele me dará a tradução em húngaro. Mas é tudo algoritmo. Tudo é manipulação de símbolos, como a pessoa dentro da sala chinesa. O Google Tradutor não entende nada sobre a frase e ela não tem significado para ele.

O Argumento da Sala Chinesa sugere que desenvolvemos computadores que imitam a inteligência humana, mas que, na realidade, eles não entendem o que se fala; não haverá significado em nada do que fizerem. Searle usou este experimento de pensamento para argumentar que existe algo no cérebro humano que não seria explicado se simplesmente fizéssemos uma analogia entre eles e os computadores digitais. Existe um abismo entre os símbolos que não têm significado e nossa experiência consciente.

Há um debate contínuo sobre a interpretação do Argumento da Sala Chinesa, porém, embora esteja sujeito a interpretação, o argumento expõe o quanto é enigmático e difícil para nossos componentes físicos igualar a nossa experiência de estar vivo no mundo. A cada tentativa de simular ou criar uma inteligência semelhante à humana, somos confrontados por uma questão central não resolvida da neurociência: como algo tão magnífico como a sensação subjetiva de ser "eu" – uma pontada de dor, a vermelhidão do vermelho, o gosto de uma toranja – surge de bilhões de simples células cerebrais realizando suas operações? Afinal, cada célula cerebral é apenas uma célula, obedecendo a regras locais, rodando suas operações básicas. Sozinhas, não podem fazer muita coisa. Então, como bilhões delas resultam na experiência subjetiva de ser eu?

MAIOR DO QUE A SOMA

Em 1714, Gottfried Wilhelm Leibniz argumentou que a matéria, sozinha, jamais poderia produzir a mente. Leibniz foi um filósofo, matemático e cientista alemão que às vezes é chamado de "o último homem que sabia tudo". Para Leibniz, o tecido encefálico sozinho não poderia ter vida interior. Ele sugeriu um experimento de raciocínio conhecido hoje como o Moinho de Leibniz. Imagine um moinho grande. Se você andasse ao redor dele, veria as engrenagens, suportes e alavancas em movimento, mas seria ilógico sugerir que o moinho está pensando, sentindo ou percebendo. Como pode um moinho se apaixonar ou desfrutar de um pôr do sol? O moinho é apenas composto de peças e componentes. E o mesmo se dá com o cérebro, afirmou Leibniz. Se você pudesse expandir o cérebro ao tamanho de um moinho e andasse em volta dele, só veria os componentes. Evidentemente, nada corresponderia à percepção, tudo exerceria influência sobre todo o resto. Se você anotasse cada interação, não ficaria claro onde residem o pensamento, o sentimento e a percepção.

Quando olhamos o cérebro por dentro, vemos neurônios, sinapses, transmissores químicos, atividade elétrica. Vemos bilhões de células ativas, tagarelando. Onde você está? Onde estão seus pensamentos? Suas emoções? A sensação de felicidade, a cor do índigo? Como você pode ser feito de mera matéria? Para Leibniz, a mente parecia inexplicável por causas mecânicas.

É possível que Leibniz tenha deixado passar algo em seu argumento? Ao olhar os componentes individuais de um cérebro, ele pode ter perdido uma oportunidade. Talvez pensar em andar em volta do moinho seja o jeito errado de abordar a questão da consciência.

A CONSCIÊNCIA COMO UMA PROPRIEDADE EMERGENTE

Para entender a consciência humana, talvez precisemos pensar não em termos dos componentes do cérebro, mas em como interagem esses componentes. Se quisermos ver como simples peças podem dar origem a algo maior do que elas mesmas, não precisamos olhar para além do formigueiro mais próximo.

Com milhões de integrantes em uma colônia, as formigas cortadeiras cultivam o próprio alimento. Assim como o homem, são fazendeiras. Algumas formigas partem do ninho para encontrar vegetação fresca; quando encontram, cortam grandes pedaços que levam de volta ao ninho. Porém, as formigas não as comem. Formigas operárias menores pegam os pedaços das folhas, cortam em fragmentos pequenos e usam como fertilizante para cultivar fungo em grandes "hortas" subterrâneas. As formigas alimentam o fungo e do fungo brotam pequenos corpos de frutificação que as formigas comerão depois (a relação se tornou tão simbiótica, que o fungo não consegue mais se reproduzir sozinho, depende inteiramente da formiga para sua propagação). Usando essa estratégia de cultivo bem-sucedida, as formigas constroem enormes ninhos subterrâneos, espalhando-se por centenas de metros quadrados. Como a espécie humana, elas aperfeiçoaram uma civilização agrícola.

Aqui temos uma parte importante: embora a colônia pareça um superorganismo que realiza proezas extraordinárias, cada formiga se comporta de forma muito simplista. Ela apenas obedece a regras locais. A rainha não dá ordens, não coordena o comportamento do alto. Em vez disso, cada formiga reage a sinais químicos locais de outras formigas, larvas, invasores, alimento, dejetos ou folhas. Cada formiga é uma unidade autônoma e simples cujas reações dependem apenas do ambiente local e das regras geneticamente codificadas para sua variedade de formiga.

Apesar de não haver uma tomada de decisão centralizada, as colônias de formigas cortadeiras exibem o que parece ser um comportamento extraordinariamente sofisticado (além do cultivo, elas também realizam feitos como situar a distância máxima de todas as entradas da colônia para dispor dos mortos, um problema geométrico sofisticado).

A lição importante é que o comportamento complexo da colônia não surge da complexidade nos indivíduos. Cada formiga não sabe que faz parte de uma civilização de sucesso: ela apenas executa seus programas pequenos e simples.

Quando um número suficiente de formigas se reúne, surge um superorganismo, com propriedades coletivas mais sofisticadas do que os componentes fundamentais. Este fenômeno, conhecido como "emergência", é o que acontece quando unidades simples interagem de formas corretas e aparece algo maior.

A chave é a interação *entre* as formigas. E o mesmo acontece com o cérebro. Um neurônio é simplesmente uma célula especializada, como outras células no corpo, mas com algumas adaptações que lhe permitem desenvolver processos e propagar sinais elétricos. Como uma formiga, uma célula individual do cérebro passa toda a vida executando seu programa local, carregando sinais elétricos por sua membrana, expelindo neurotransmissores quando chega o momento e recebendo neurotransmissores de outras células. E é só isso. O neurônio vive na escuridão, passa a vida incrustado em uma rede de outras células, simplesmente reagindo a sinais. Ele não sabe se está envolvido no movimento de seus olhos para ler Shakespeare ou no movimento das mãos para tocar Beethoven. O neurônio não sabe quem é você. Embora os seus objetivos, intenções e capacidades sejam inteiramente dependentes da existência desses pequenos neurônios, eles vivem numa escala menor, sem ter consciência do resultado de sua união.

Mas basta que essas células cerebrais básicas se unam, interagindo do jeito certo, e a mente emerge.

Para onde quer que olhe, você pode encontrar sistemas com propriedades emergentes. Um pedaço de metal de um avião não tem a propriedade de voar, mas, quando você organiza as peças do jeito certo, surge o voo. Os componentes de um sistema podem ser muito simples. Tudo depende de como eles interagem. Em muitos casos, as partes em si são substituíveis.

O QUE É NECESSÁRIO PARA A CONSCIÊNCIA?

Embora os detalhes teóricos ainda não tenham sido elaborados, a mente parece emergir da interação dos bilhões de componentes do cérebro. Isso leva a uma pergunta fundamental: a mente pode emergir de qualquer coisa que tenha muitas partes em interação? Por exemplo, uma cidade pode ser consciente? Afinal, uma cidade é formada das interações entre os elementos. Pense em todos os sinais em movimento por uma cidade: cabos telefônicos, linhas de fibra ótica, esgotos carregando dejetos, cada aperto de mãos entre pessoas, cada sinal de trânsito e assim por diante. A escala de interação em uma cidade é equivalente à do cérebro humano. É claro que seria muito difícil saber se uma cidade seria consciente. Como uma cidade poderia nos dizer? Como perguntaríamos a ela?

Para responder a uma pergunta como esta precisamos de outra mais profunda: para uma rede experimentar a consciência, ela precisa de mais do que apenas algumas peças – ou, em vez disso, de uma estrutura muito particular para as interações?

O professor Giulio Tononi, da Universidade de Wisconsin, tenta responder exatamente a essa pergunta. Ele propôs uma definição quantitativa da consciência. Para Tononi, não basta que existam componentes em interação. Deve haver certa organização subjacente a esta interação.

Para pesquisar a consciência em ambiente de laboratório, Tononi usa a estimulação magnética transcraniana (EMT) a fim de comparar a atividade no cérebro desperto e quando em sono profundo (como vimos no Capítulo 1, a sua consciência desaparece). Pela introdução de uma descarga de corrente elétrica no córtex, ele e sua equipe podem então acompanhar como a atividade se espalha.

Quando um participante está desperto e consciente, um padrão complexo de atividade neural se espalha a partir do foco do pulso de EMT. Ondas prolongadas de atividade espalham-se a diferentes áreas corticais, revelando a ampla conectividade pela rede. Já quando a pessoa está em sono profundo, o mesmo pulso de EMT estimula apenas uma área muito local, e a atividade se encerra rapidamente. A rede perdeu grande parte da conectividade. O mesmo resultado é visto quando uma pessoa está em coma: a atividade se espalha muito pouco, mas, à medida que a pessoa emerge para a consciência com o passar das semanas, a atividade se espalha mais amplamente.

Tononi acredita que isso aconteça porque a comunicação é disseminada entre áreas corticais diferentes quando estamos despertos e conscientes. O estado inconsciente de sono, por sua vez, é caracterizado por uma falta de comunicação entre as áreas. Nesse contexto, Tononi sugere que um sistema consciente exige um equilíbrio perfeito de complexidade suficiente para representar muitos estados diferentes (isso se chama diferenciação) e conectividade suficiente para que partes distantes da rede estejam em estreita comunicação entre si (chama-se integração). No contexto de Tononi, o equilíbrio de diferenciação e integração pode ser quantificado e ele propõe que somente os sistemas na amplitude certa experimentam a consciência.

Caso se prove correta, essa teoria daria uma avaliação não invasiva do nível de consciência em pacientes comatosos. Ela também pode nos proporcionar os meios para sabermos se sistemas inanimados têm consciência. Então, a resposta para a pergunta "uma cidade seria consciente?" poderia ser "depende de o fluxo de informações ser organizado do jeito certo, com a quantidade perfeita de diferenciação e integração".

A teoria de Tononi é compatível com a ideia de que a consciência humana pode escapar de sua origem biológica. Nesta visão, embora a consciência tenha evoluído por um determinado caminho que resultou no cérebro, ela não precisa ser formada de matéria orgânica. Pode tranquilamente ser feita de silício, supondo-se que as interações sejam organizadas da maneira correta.

CONSCIÊNCIA E NEUROCIÊNCIA

Pense por um momento nesta experiência privada e subjetiva: o espetáculo que só acontece dentro da cabeça de alguém. Por exemplo, quando eu mordo um pêssego enquanto vejo o sol se pôr, você não pode saber a exata experiência que tenho intimamente, apenas supor com base nas suas experiências. Minha experiência consciente é minha, a sua é sua. Assim, como isso pode ser estudado pelo método científico?

Em décadas recentes, pesquisadores se dedicaram a esclarecer os "correlatos neurais" da consciência, isto é, os padrões exatos de atividade cerebral presentes sempre que uma pessoa tem determinada experiência – e presentes apenas quando ela tem essa experiência.

Considere a imagem ambígua de um pato/coelho. Como a figura da velha/jovem no Capítulo 4, a propriedade interessante dessa imagem é que você só consegue experimentar uma interpretação de cada vez, não as duas ao mesmo tempo. Assim, nos momentos em que você tem a experiência do coelho, qual é exatamente a marca de atividade no seu cérebro? Quando você muda para o pato, o que seu cérebro está fazendo de um jeito diferente? Nada na página mudou, então o fator de transformação deve ser os detalhes da atividade cerebral que produzem sua experiência consciente.

TRANSFERINDO A CONSCIÊNCIA

Se o software do cérebro é o elemento fundamental para a mente, e não os detalhes do hardware, então, em tese, podíamos nos livrar do substrato de nossos corpos. Com computadores de potência suficiente simulando as interações do cérebro, seria possível fazer uma transferência. Existiríamos digitalmente rodando a nós mesmos como uma simulação, escapando do sistema biológico do qual surgimos, tornando-nos seres não biológicos. Seria o salto mais importante na história de nossa espécie, que nos lançaria na era do transumanismo.

Imagine como seria deixar o corpo para trás e entrar numa nova existência em um mundo simulado. Sua existência digital poderia parecer a vida que você quisesse. Programadores poderiam criar qualquer mundo virtual para você – mundos em que você pode voar, viver debaixo da água ou sentir os ventos de um planeta diferente. Seria possível rodar nossos cérebros virtuais como quiséssemos, de modo rápido ou lento, então nossa mente poderia cobrir imensos períodos de tempo ou transformar segundos de tempo de computação em bilhões de anos de experiência.

Um obstáculo técnico para uma transferência de sucesso é que o cérebro simulado deve ser capaz de se modificar. Precisaríamos não só de componentes físicos, mas também da física de suas interações contínuas – por exemplo, a atividade de fatores de transcrição que viajam ao núcleo e provocam a expressão genética, as mudanças dinâmicas na localização e na força das sinapses e assim por diante. Se suas experiências simuladas não mudassem a estrutura do cérebro simulado, você seria incapaz de formar novas lembranças e não sentiria o passar do tempo. Nessas circunstâncias, a imortalidade teria algum sentido?

Se a transferência se mostrar possível, abriria a capacidade de alcançar outros sistemas solares. Há pelo menos 100 bilhões de outras galáxias em nosso cosmo, cada uma delas contendo 100 bilhões de estrelas. Já localizamos milhares de exoplanetas orbitando essas estrelas, alguns com condições muito semelhantes à da Terra. A dificuldade está na impossibilidade de nosso corpo carnal atual conseguir chegar a esses exoplanetas – simplesmente não há jeito previsível de percorrermos essas distâncias no espaço e no tempo. Porém, como podemos interromper uma simulação, lançá-la no espaço e reiniciá-la mil anos depois, quando chegarmos ao planeta, pareceria à sua consciência que você estava na Terra, almoçou e instantaneamente se viu em um planeta novo. Uma transferência seria o equivalente a alcançar o sonho da física de encontrar um buraco de minhoca, permitindo-nos ir de uma parte do universo a outra em um instante subjetivo.

JÁ ESTAMOS VIVENDO EM UMA SIMULAÇÃO?

Talvez o que você escolhesse para sua simulação fosse algo muito parecido com a vida atual na Terra e essa simples ideia tem levado vários filósofos a se perguntar se já não estaríamos vivendo em uma simulação. Embora a ideia pare-

> ## TRANSFERÊNCIA: AINDA É VOCÊ?
>
> Se os algoritmos biológicos são a parte importante do que nos torna quem somos, e não a matéria física, então existe uma possibilidade de um dia podermos copiar nossos cérebros, fazermos uma transferência e viver para sempre em silício. Mas há uma questão importante aqui: seria você, de fato? Não exatamente. A cópia transferida tem todas as suas lembranças e acredita que é você, bem ali, fora do computador, em seu corpo. E a parte estranha é esta: se você morrer e ligarmos a simulação um segundo mais tarde, seria uma transferência. Não seria diferente do teletransporte em *Jornada nas estrelas*, quando uma pessoa é desintegrada e uma nova versão é reconstituída um instante depois. A transferência talvez não seja tão diferente do que lhe acontece toda noite quando vai dormir: você experimenta uma pequena morte da sua consciência e a pessoa que desperta no travesseiro na manhã seguinte herda todas as suas lembranças e acredita que é você.

ça fantástica, já sabemos com que facilidade podemos ser enganados a aceitar nossa realidade: toda noite adormecemos, temos sonhos estranhos e, enquanto estamos neles, acreditamos plenamente nesses mundos.

As questões sobre nossa realidade não são novas. Há 2.300 anos, o filósofo chinês Chuang Tzu sonhou que era uma borboleta. Ao acordar, refletiu a respeito desta pergunta: como eu saberia que era Chuang Tzu sonhando que é uma borboleta – ou se, em vez disso, agora sou uma borboleta sonhando que sou um homem chamado Chuang Tzu?

O filósofo francês René Descartes se debateu com uma versão diferente desse mesmo problema. Ele se perguntou como poderíamos saber se o que experimentamos é a verdadeira realidade. Para tornar o problema claro, ele imaginou um experimento de raciocínio: como saberei que não sou um cérebro em uma cuba? Talvez alguém esteja estimulando este cérebro do jeito exato para me fazer acreditar que estou aqui, tocando o chão, vendo essas pessoas e ouvindo esses sons. Descartes concluiu que não há meio de saber. Mas também percebeu algo mais: existe algum "eu" no centro tentando entender tudo isso. Seja eu um cérebro numa cuba ou não, estou ponderando o problema. Estou pensando nele, logo existo.

NO FUTURO

Nos anos que virão, descobriremos mais sobre o cérebro humano do que podemos descrever com nossas teorias e estruturas atuais. No momento, estamos cercados de mistérios: muitos que reconhecemos, muitos ainda não registrados por nós. Como campo, temos territórios desconhecidos pela frente. Como sempre acontece na ciência, o importante é fazer os experimentos e avaliar os resultados. A Mãe Natureza então nos dirá que abordagens são becos sem saída e o que nos fará avançar ainda mais pela estrada da compreensão dos projetos de nossa própria mente.

Uma coisa é certa: nossa espécie está apenas nos primórdios de algo e não sabemos plenamente o que é. Estamos em um momento sem precedentes na história, em que a ciência do cérebro e a tecnologia evoluem juntas. O que acontecerá nesta interseção poderá mudar quem somos.

Por milhares de gerações, o homem vem passando repetidamente pelo mesmo tipo de ciclo de vida: nascemos, controlamos um corpo frágil, desfrutamos de uma pequena parte de realidade sensorial, depois morremos.

A ciência pode nos dar os instrumentos para transcender essa história evolutiva. Agora podemos mexer em nosso próprio hardware, então nosso cérebro não precisa continuar igual a como o herdamos. Podemos habitar novos tipos de realidade sensorial e novos tipos de corpos. Um dia, talvez possamos nos livrar inteiramente de nossa forma física.

Nossa espécie está descobrindo agora os instrumentos para dar forma ao próprio destino.

Cabe a nós decidir quem nos tornaremos.

Agradecimentos

Assim como a magia do cérebro surge da interação de muitas partes, o livro e a série de TV de *The Brain* surgiram da colaboração entre muitas pessoas.

Jennifer Beamish foi o pilar do projeto, gerenciando incansavelmente as pessoas, fazendo malabarismos mentais com o conteúdo em evolução da série de TV e administrando as nuances de várias personalidades ao mesmo tempo. Beamish foi insubstituível, este projeto simplesmente não existiria sem ela. O segundo pilar foi Justine Kershaw. A perícia e a coragem com que Justine antevê grandes projetos, administra uma empresa (a Blink Films) e gerencia tanta gente é uma inspiração constante para mim. Durante toda a gravação da série de televisão, tivemos o prazer de trabalhar com uma equipe de diretores tremendamente talentosos: Toby Trackman, Nic Stacey, Julian Jones, Cat Gale e Johanna Gibbon. Sempre me espanto com a percepção que eles demonstram com padrões cambiantes de emoção, cor, iluminação, cenário e tom. Juntos, tivemos o prazer de trabalhar com especialistas do mundo visual, os diretores de fotografia Duane McClune, Andy Jackson e Mark Schwartzbard. O combustível para a série era fornecido diariamente por Alice Smith, Chris Baron e Emma Pound, assistentes de produção ágeis e vigorosos.

Para este livro, tive o prazer de trabalhar com Katy Follain e Jamie Byng, da Canongate Books, sempre uma das editoras mais corajosas e mais criteriosas do mundo. Da mesma forma, é uma honra e um prazer trabalhar com meu editor americano Dan Frank, da Pantheon Books, que é igualmente meu amigo e conselheiro.

Tenho uma gratidão infinita para com meus pais, por sua inspiração: meu pai é psiquiatra, minha mãe, professora de biologia. Ambos são admiradores do ensino e do aprendizado. Eles constantemente estimularam e torceram por meu desenvolvimento para que me tornasse pesquisador e comunicador. Apesar de quase nunca termos assistido à TV em minha infância, eles garantiram que eu me sentasse para ver *Cosmos*, de Carl Sagan, série que inspirou este projeto de forma profunda.

Sou grato aos estudantes e pós-doutorandos brilhantes e zelosos do meu laboratório de neurociências por lidar com meu horário invertido durante a gravação do programa e a redação do livro.

Por fim, e mais importante, agradeço a minha bela esposa Sarah por me apoiar, animar, aguentar e por segurar as pontas enquanto eu realizava este projeto. Sou um homem de sorte por ela acreditar na importância deste empreendimento tanto quanto eu.

NOTAS

CAPÍTULO 1 – QUEM SOU EU?

O cérebro adolescente e a autoconsciência aumentada
Somerville, LH, Jones, RM, Ruberry, EJ, Dyke, JP, Glover, G & Casey, BJ (2013) "The medial prefrontal cortex and the emergence of self-conscious emotion in adolescence." *Psychological Science*, 24(8), 1554–62.

Observe que os autores também encontraram força de conexão aumentada entre o córtex pré-frontal medial e outra região do cérebro chamada corpo estriado. O corpo estriado e sua rede de conexões estão envolvidos na transformação de motivações em ações. Os autores sugerem que essa conectividade pode explicar por que considerações sociais impulsionam fortemente o comportamento em adolescentes e por que é mais provável que eles assumam riscos na presença de colegas.

Bjork, JM, Knutson, B, Fong, GW, Caggiano, DM, Bennett, SM & Hommer, DW (2004) "Incentive-elicited brain activation in adolescents: similarities and differences from young adults." *The Journal of Neuroscience*, 24(8), 1793–1802.

Spear, LP (2000) "The adolescent brain and age-related behavioral manifestations." *Neuroscience and Biobehavioral Reviews*, 24(4), 417–63.

Heatherton, TF (2011) "Neuroscience of self and self-regulation." *Annual Review of Psychology*, 62, 363–90.

Motoristas de táxi e o Conhecimento de Londres
Maguire, EA, Gadian, DG, Johnsrude, IS, Good, CD, Ashburner, J, Frackowiak, RS & Frith, CD (2000) "Navigation-related structural change in the hippocampi of taxi drivers." *Proceedings of the National Academy of Sciences of the United States of America*, 97(8), 4398–4403.

Número de células no cérebro
Note também que existe um número igual de neurônios e células da glia, cerca de 86 bilhões de cada tipo em todo o cérebro humano.

Azevedo, FAC, Carvalho, LRB, Grinberg, LT, Farfel, JM, Ferretti, REL, Leite, REP & Herculano-Houzel, S (2009) "Equal numbers of neuronal and nonneuronal cells make the human brain an isometrically scaled-up primate brain." *The Journal of Comparative Neurology*, 513(5), 532–41.

Estima-se o número de conexões (as sinapses variam muito), mas um quatrilhão (isto é, mil trilhões) é uma estimativa racional, se supusermos quase 100 bilhões de neurônios com cerca de 10 mil conexões cada um. Alguns tipos de neurônios têm menos sinapses; outros (como as células de Purkinje) têm muito mais – cerca de 200 mil sinapses cada um.

Ver também a coleção enciclopédica de números em "Brain Facts and Figures", de Eric Chudler: faculty.washington.edu/chudler/facts.html.

Músicos têm memória melhor
Chan, AS, Ho, YC & Cheung, MC (1998) "Music training improves verbal memory." *Nature, 396*(6707).

Jakobson, LS, Lewycky, ST, Kilgour, AR & Stoesz, BM (2008) "Memory for verbal and visual material in highly trained musicians." *Music Perception, 26*(1), 41–55.

O cérebro de Einstein e o sinal de ômega
Falk, D (2009) "New information about Albert Einstein's Brain." *Frontiers in Evolutionary Neuroscience, 1*.

Ver também Bangert, M & Schlaug, G (2006) "Specialization of the specialized in features of external human brain morphology." *The European Journal of Neuroscience, 24*(6), 1832–4.

Memória do futuro
Schacter, DL, Addis, DR & Buckner, RL (2007) "Remembering the past to imagine the future: the prospective brain." *Nature Reviews Neuroscience, 8*(9), 657–61.

Corkin, S (2013) *Permanent Present Tense: The Unforgettable Life Of The Amnesic Patient*. Basic Books.

Estudo das freiras
Wilson, RS et al. "Participation in cognitively stimulating activities and risk of incident Alzheimer disease." *Jama*, 287.6 (2002), 742-48.

Bennett, DA et al "Overview and findings from the religious orders study." *Current Alzheimer Research*, 9.6 (2012), 628.

Em suas amostras de autópsia, os pesquisadores descobriram que metade das pessoas sem problemas cognitivos tinha sinais de patologia encefálica e um terço chegou ao limiar patológico para a doença de Alzheimer. Em outras palavras, encontraram sinais amplos de doença nos cérebros dos falecidos – mas essas patologias só eram responsáveis por cerca de metade da probabilidade de declínio cognitivo de um indivíduo. Para saber mais sobre o estudo das ordens religiosas, ver www.rush.edu/services-treatments/alzheimers-disease-center/religiousorders-study

Problema mente/corpo
Descartes, R (2008) *Meditations on First Philosophy* (tradução de Michael Moriarty da edição de 1641). Oxford University Press.

CAPÍTULO 2 - O QUE É A REALIDADE?

Ilusões visuais
Eagleman, DM (2001) "Visual illusions and neurobiology." *Nature Reviews Neuroscience*, 2(12), 920-6.

Óculos de prisma
Brewer, AA, Barton, B & Lin, L (2012) "Functional plasticity in human parietal visual field map clusters: adapting to reversed visual input." *Journal of Vision*, 12(9), 1398.

Observei que, depois de concluído o experimento e de os voluntários retirarem os óculos, eles precisaram de um ou dois dias para voltar à proficiência normal à medida que o cérebro reconfigurava tudo.

Equipando o cérebro pela interação com o mundo
Held, R & Hein, A (1963) "Movement-produced stimulation in the development of visually guided behavior." *Journal of Comparative and Physiological Psychology*, 56(5), 872-6.

Sincronizando o tempo dos sinais
Eagleman, DM (2008) "Human time perception and its illusions." *Current Opinion in Neurobiology*, 18(2), 131–36.

Stetson C, Cui, X, Montague, PR & Eagleman, DM (2006) "Motor--sensory recalibration leads to an illusory reversal of action and sensation." *Neuron*, 51(5), 651–9.

Parsons, B, Novich SD & Eagleman DM (2013) "Motor-sensory recalibration modulates perceived simultaneity of cross-modal events." *Frontiers in Psychology*, 4:46.

Ilusão da máscara oca
Gregory, Richard (1970) *The Intelligent Eye*. Londres: Weidenfeld & Nicolson.

Króliczak, G, Heard, P, Goodale, MA & Gregory, RL (2006) "Dissociation of perception and action unmasked by the hollow-face illusion." *Brain Res.*, 1080(1), 9–16.

Uma observação interessante: os esquizofrênicos são menos suscetíveis a ver a ilusão da máscara oca.

Keane, BP, Silverstein, SM, Wang, Y & Papathomas, TV (2013) "Reduced depth inversion illusions in schizophrenia are state-specific and occur for multiple object types and viewing conditions." *J Abnorm Psychol*, 122(2), 506–12.

Sinestesia
Cytowic, R & Eagleman, DM (2009) *Wednesday is Indigo Blue: Discovering the Brain of Synesthesia*. Cambridge, MA: MIT Press.

Witthoft N, Winawer J, Eagleman DM (2015) "Prevalence of learned grapheme-color pairings in a large online sample of synesthetes." *PLoS ONE*, 10(3), e0118996.

Tomson, SN, Narayan, M, Allen, GI & Eagleman DM (2013) "Neural networks of colored sequence synesthesia." *Journal of Neuroscience*. 33(35), 14098–106.

Eagleman, DM, Kagan, AD, Nelson, SN, Sagaram, D & Sarma, AK (2007) "A standardized test battery for the study of Synesthesia." *Journal of Neuroscience Methods*, 159, 139–45.

Dobra do Tempo
Stetson, C, Fiesta, M & Eagleman, DM (2007) "Does time really slow down during a frightening event?" *PloS One*, 2(12), e1295.

CAPÍTULO 3 – QUEM ESTÁ NO CONTROLE?

O poder do cérebro inconsciente
Eagleman, DM (2012) *Incógnito: As vidas secretas do cérebro*. Rocco.

Alguns conceitos que decidi incluir neste livro coincidem com material de Incógnito. Isto é, incluí os casos de Mike May, Charles Whitman e Ken Parks, bem como o experimento de rastreamento ocular de Yarbus, o dilema do bonde, o colapso das hipotecas e o pacto de Ulisses. Ao construir o arcabouço para este projeto, esses pontos de contato foram considerados toleráveis em parte porque os temas são discutidos de uma maneira diferente e, em geral, para fins distintos.

Olhos dilatados e atração
Hess, EH (1975) "The role of pupil size in communication", *Scientific American*, 233(5), 110–12.

Estado de fluxo
Kotler, S (2014) *The Rise of Superman: Decoding the Science of Ultimate Human Performance*. Houghton Mifflin Harcourt.

Influências subconscientes na tomada de decisão
Lobel, T (2014) *Sensation: The New Science of Physical Intelligence*. Simon & Schuster.

Williams, LE & Bargh, JA (2008) "Experiencing physical warmth promotes interpersonal warmth." *Science*, 322(5901), 606–7.

Pelham, BW, Mirenberg, MC & Jones, JT (2002) "Why Susie sells seashells by the seashore: implicit egotism and major life decisions." *Journal of Personality and Social Psychology*, 82, 469–87.

CAPÍTULO 4 – COMO EU DECIDO?

A tomada de decisão
Montague, R (2007) *Your Brain is (Almost) Perfect: How We Make Decisions*. Plume.

Coalizões de neurônios
Crick, F & Koch, C (2003) "A framework for consciousness." *Nature Neuroscience*, 6(2), 119–26.

O dilema do bonde
Foot, P (1967) "The problem of abortion and the doctrine of the double effect." Reimpresso em *Virtues and Vices and Other Essays in Moral Philosophy* (1978). Blackwell.

Greene, JD, Sommerville, RB, Nystrom, LE, Darley, JM & Cohen, JD (2001) "An fMRI investigation of emotional engagement in moral judgment". *Science*, 293(5537), 2105–8.

Observe que as emoções são reações físicas mensuráveis prorrogadas pelo acontecimento de coisas. Os sentimentos, por outro lado, são as experiências subjetivas que às vezes acompanham esses marcadores corporais – o que as pessoas normalmente pensam como as sensações de felicidade, inveja, tristeza e assim por diante.

Dopamina e recompensa inesperada
Zaghloul, KA, Blanco, JA, Weidemann, CT, McGill, K, Jaggi, JL, Baltuch, GH & Kahana, MJ (2009) "Human substantia nigra neurons encode unexpected financial rewards." *Science*, 323(5920), 1496–9.

Schultz, W, Dayan, P & Montague, PR (1997) "A neural substrate of prediction and reward." *Science*, 275(5306), 1593–9.

Eagleman, DM, Person, C & Montague, PR (1998) "A computational role for dopamine delivery in human decision-making." *Journal of Cognitive Neuroscience*, 10(5), 623–30.

Rangel, A, Camerer, C & Montague, PR (2008) "A framework for studying the neurobiology of value-based decision making." *Nature Reviews Neuroscience*, 9(7), 545–56.

Juízes e decisões de condicional
Danziger, S, Levav, J & Avnaim-Pesso, L (2011) "Extraneous factors in judicial decisions." *Proceedings of the National Academy of Sciences of the United States of America*, 108(17), 6889–92.

Emoções na tomada de decisão
Damasio, A (2012) *O erro de Descartes: Emoção, razão e o cérebro humano.* Companhia das Letras.

O poder do agora
Dixon, ML (2010) "Uncovering the neural basis of resisting immediate gratification while pursuing long-term goals." *The Journal of Neuroscience*, 30(18), 6178–9.

Kable, JW & Glimcher, PW (2007) "The neural correlates of subjective value during intertemporal choice." *Nature Neuroscience*, 10(12), 1625–33.

McClure, SM, Laibson, DI, Loewenstein, G & Cohen, JD (2004) "Separate neural systems value immediate and delayed monetary rewards." *Science*, 306(5695), 503–7.

O poder do imediato se aplica não só a coisas no agora, mas também no aqui. Pense nesta hipótese proposta pelo filósofo Peter Singer: enquanto está prestes a atacar um sanduíche, você olha pela janela e vê uma criança na calçada, faminta, uma lágrima escorrendo pelo rosto esquelético. Você desistiria de seu sanduíche para dar à criança, ou simplesmente o comeria? A maioria das pessoas se sente feliz em oferecer o sanduíche. Porém, neste momento, na África, há uma criança como esta, faminta, como o menino na esquina. Só é preciso um clique de seu mouse para enviar cinco dólares, o equivalente ao preço daquele sanduíche. Entretanto, é provável que você não tenha mandado dinheiro nenhum hoje, nem recentemente, apesar da sua disposição a fazer caridade na primeira hipótese. Por que você não agiu para ajudar? É porque a primeira hipótese coloca a criança bem à sua frente. A segunda exige que ela seja imaginada.

Força de vontade
Muraven, M, Tice, DM & Baumeister, RF (1998) "Self-control as a limited resource: regulatory depletion patterns." *Journal of Personality and Social Psychology*, 74(3), 774.

Baumeister, RF & Tierney, J (2011) *Willpower: Rediscovering the Greatest Human Strength*. Penguin.

Política e repulsa
Ahn, W-Y, Kishida, KT, Gu, X, Lohrenz, T, Harvey, A, Alford, JR & Dayan, P (2014) "Nonpolitical images evoke neural predictors of political ideology." *Current Biology*, 24(22), 2693–9.

Ocitocina
Scheele, D, Wille, A, Kendrick, KM, Stoffel-Wagner, B, Becker, B, Güntürkün, O & Hurlemann, R (2013) "Oxytocin enhances brain reward system responses in men viewing the face of their female partner." *Proceedings of the National Academy of Sciences*, 110(50), 20308–313.

Zak, PJ (2012) *A molécula da moralidade*. Elsevier/Campus.

Decisões e sociedade
Levitt, SD (2004) "Understanding why crime fell in the 1990s: four factors that explain the decline and six that do not." *Journal of Economic Perspectives*, 163–90.

Eagleman, DM & Isgur, S (2012). "Defining a neurocompatibility index for systems of law." In *Law of the Future*, Hague Institute for the Internationalisation of Law, 1(2012), 161–172.

Resposta em tempo real em neuroimageamento
Eagleman, DM (2012) *Incógnito: As vidas secretas do cérebro*. Rocco.

CAPÍTULO 5 – EU PRECISO DE VOCÊ?

Interpretando a intenção nos outros
Heider, F & Simmel, M (1944) "An experimental study of apparent behavior." *The American Journal of Psychology*, 243–59.

Empatia
Singer, T, Seymour, B, O'Doherty, J, Stephan, K, Dolan, R & Frith, C (2006) "Empathic neural responses are modulated by the perceived fairness of others." *Nature*, 439(7075), 466–9.

Singer, T, Seymour, B, O'Doherty, J, Kaube, H, Dolan, R & Frith, C (2004) "Empathy for pain involves the affective but not sensory components of pain." *Science*, 303(5661), 1157–62.

Empatia e exclusão
Vaughn, DA, Eagleman, DM (2010) "Religious labels modulate empathetic response to another's pain." *Society for Neuroscience* (abstract).

Harris, LT & Fiske, ST (2011). "Perceiving humanity." In A. Todorov, S. Fiske, & D. Prentice (orgs.). *Social Neuroscience: Towards Understanding the Underpinnings of the Social Mind.* Oxford Press.

Harris, LT & Fiske, ST (2007) "Social groups that elicit disgust are differentially processed in the mPFC." *Social Cognitive Affective Neuroscience*, 2, 45–51.

Circuitos do cérebro dedicados a outros cérebros
Plitt, M, Savjani, RR & Eagleman, DM (2015) "Are corporations people too? The neural correlates of moral judgments about companies and individuals." *Social Neuroscience*, 10(2), 113–25.

Bebês e confiança
Hamlin, JK, Wynn, K & Bloom, P (2007) "Social evaluation by preverbal infants." *Nature*, 450(7169), 557–59.

Hamlin, JK, Wynn, K, Bloom, P & Mahajan, N (2011) "How infants and toddlers react to antisocial others." *Proceedings of the National Academy of Sciences*, 108(50), 19931–36.

Hamlin, JK & Wynn, K (2011) "Young infants prefer prosocial to antisocial others." *Cognitive Development*, 2011, 26(1), 30-39. doi:10.1016/j.cogdev.2010.09.001.

Bloom, P (2014) *O que nos faz bons ou maus.* Best Seller.

Interpretando a emoção pela simulação de rostos dos outros
Goldman, AI & Sripada, CS (2005) "Simulationist models of face-based emotion recognition." *Cognition*, 94(3).

Niedenthal, PM, Mermillod, M, Maringer, M & Hess, U (2010) "The simulation of smiles (SIMS) model: embodied simulation and the meaning of facial expression." *The Behavioral and Brain Sciences*, 33(6), 417–33; discussion 433–80.

Zajonc, RB, Adelmann, PK, Murphy, ST & Niedenthal, PM (1987) "Convergence in the physical appearance of spouses." *Motivation and Emotion*, 11(4), 335–46.

Com relação ao experimento de EMT com John Robison, o professor Pascual-Leone conta: *"Não sabemos exatamente o que aconteceu do ponto de vista neurobiológico, mas creio que agora nos dá a oportunidade de entender que modificações do comportamento, que intervenções é possível aprender [a partir do caso de John] para depois ensinar aos outros."*

Botox diminui a capacidade de interpretar rostos
Neal, DT & Chartrand, TL (2011) "Embodied emotion perception amplifying and dampening facial feedback modulates emotion perception accuracy." *Social Psychological and Personality Science*, 2(6), 673–8.

O efeito é pequeno, porém significativo. Os usuários de Botox mostraram uma precisão de 70% na identificação das emoções, enquanto a média do grupo de controle era de 77%.

Baron-Cohen, S, Wheelwright, S, Hill, J, Raste, Y & Plumb, I (2001) "The 'Reading the Mind in the Eyes' test revised version: A study with normal adults, and adults with Asperger syndrome or high-functioning autism." *Journal of Child Psychology and Psychiatry*, 42(2), 241–51.

Órfãos romenos
Nelson, CA (2007) "A neurobiological perspective on early human deprivation." *Child Development Perspectives*, 1(1), 13–18.

A dor da exclusão social
Eisenberger, NI, Lieberman, MD & Williams, KD (2003) "Does rejection hurt? An fMRI study of social exclusion." *Science*, 302(5643), 290–92.

Eisenberger, NI & Lieberman, MD (2004) "Why rejection hurts: a common neural alarm system for physical and social pain." *Trends in Cognitive Sciences*, 8(7), 294–300.

Confinamento em solitária
Além de nossas entrevistas com Sarah Shrouf para a série de televisão, ver também:

Pesta, A (2014) "Like an Animal": Freed U.S. Hiker Recalls 410 Days in Iran Prison. NBC News.

Psicopatas e o córtex pré-frontal
Koenigs, M (2012) "The role of prefrontal cortex in psychopathy." *Reviews in the Neurosciences*, 23(3), 253–62.

As áreas ativas de formas diferentes em psicopatas são duas regiões vizinhas da parte mediana do córtex pré-frontal: o córtex pré-frontal ventromedial e o córtex cingulado anterior. Estas áreas são habitualmente vistas em estudos de tomada de decisão social e emocional e têm atividade diminuída na psicopatia.

Experimento dos olhos azuis/olhos castanhos
Transcrição citada de *A Class Divided*, transmissão original: 26 de março de 1985. Produção e direção de William Peters. Roteiro de William Peters e Charlie Cobb.

CAPÍTULO 6 – QUEM VAMOS NOS TORNAR?

Número de células no corpo humano
Bianconi, E, Piovesan, A, Facchin, F, Beraudi, A, Casadei, R, Frabetti, F & Canaider, S (2013) "An estimation of the number of cells in the human body." *Annals of Human Biology*, 40(6), 463–71.

Plasticidade cerebral
Eagleman, DM (no prelo). *LiveWired: How the Brain Rewires Itself on the Fly*. Canongate.

Eagleman, DM (17 de março de 2015). David Eagleman: "Can we create new senses for humans?" Conferência TED. [arquivo de vídeo]. Acessível em: http://www.ted.com/talks/david_eagleman_can_we_create_new_senses_for_humans?

Novich, SD & Eagleman, DM (2015) "Using space and time to encode vibrotactile information: toward an estimate of the skin's achievable throughput." *Experimental Brain Research*, 1–12.

Implantes cocleares
Chorost, M (2005) *Rebuilt: How Becoming Part Computer Made Me More Human*. Houghton Mifflin Harcourt.

Substituição sensorial
Bach-y-Rita, P, Collins, C, Saunders, F, White, B & Scadden, L (1969) "Vision substitution by tactile image projection." *Nature*, 221(5184), 963-4.

Danilov, Y & Tyler, M (2005) "Brainport: an alternative input to the brain." *Journal of Integrative Neuroscience*, 4(04), 537-50.

O conectoma: traçando um mapa de todas as conexões em um cérebro
Seung, S (2012) *Connectome: How the Brain's Wiring Makes Us Who We Are*. Houghton Mifflin Harcourt.

Kasthuri, N et al (2015) "Saturated reconstruction of a volume of neocortex." *Cell*: no prelo.

Crédito da imagem do volume do cérebro de rato: Daniel R Berger, H Sebastian Seung & Jeff W. Lichtman.

O Projeto Cérebro Humano
Projeto Blue Brain: acessível em: http://bluebrain.epfl.ch. *A equipe do Blue Brain aumentou com a chegada de aproximadamente 87 parceiros internacionais para dar impulso ao Projeto Cérebro Humano (HBP).*

Computação em outros substratos
A construção de dispositivos computacionais em substratos estranhos tem uma longa história: um computador analógico primitivo chamado integrador de água foi construído na União Soviética em 1936.

Os exemplos mais recentes de computadores de água usam a microfluídica - ver:

Katsikis, G, Cybulski, JS & Prakash, M (2015) "Synchronous universal droplet logic and control." *Nature Physics*.

Argumento da Sala Chinesa
Searle, JR (1980) "Minds, brains, and programs." *Behavioral and Brain Sciences*, 3(03), 417-24.

Nem todos concordam com esta interpretação da sala chinesa. Algumas pessoas sugerem que, embora o operador não entenda chinês, o sistema como um todo (operador mais os livros) entende chinês.

O argumento do Moinho de Leibniz
Leibniz, GW (1989) *The Monadology*. Springer.

Este é o argumento nas palavras de Leibniz:

Além disso, deve-se admitir que a percepção e do que ela depende são inexplicáveis em bases mecânicas, isto é, por meios de números e movimentos. E supondo-se que houvesse uma máquina, construída de modo a pensar, sentir e ter percepção, ela pode ser concebida em tamanho maior, enquanto mantém as mesmas proporções, de modo que se pode nela entrar como em um moinho. Deste modo, ao examinar seu interior, devemos encontrar apenas partes que interferem nas demais e jamais algo com o qual explicar uma percepção. Assim, é em uma substância simples, e não em um complexo ou em uma máquina, que a percepção deve ser procurada. Além do mais, nada além disto (isto é, percepções e suas mudanças) pode ser encontrado em uma substância simples. Também é apenas nisto que podem consistir todas as atividades internas de substâncias simples.

Formigas
Hölldobler, B & Wilson, EO (2010) *The Leafcutter Ants: Civilization by Instinct*. WW Norton & Company.

Consciência
Tononi, G (2012) *Phi: A Voyage from the Brain to the Soul*. Pantheon Books.

Koch, C (2004) *The Quest for Consciousness*. Nova York.

Crick, F & Koch, C (2003) "A framework for consciousness." *Nature Neuroscience*, 6(2), 119–26.

Glossário

Área Tegmental Ventral Estrutura formada principalmente por neurônios dopaminérgicos, localizada no meio do cérebro. Esta área tem um papel fundamental no sistema de recompensa.

Axônio A projeção anatômica de saída de um neurônio capaz de conduzir sinais elétricos do corpo celular.

Células da Glia Células especializadas do cérebro que protegem os neurônios, fornecendo-lhes nutrientes e oxigênio, removendo dejetos e, de modo geral, sustentando-os.

Cerebelo Uma estrutura anatômica menor que fica abaixo do córtex cerebral, na parte de trás da cabeça. Esta área do cérebro é essencial para o controle motor fluido, o equilíbrio, a postura e possivelmente para algumas funções cognitivas.

Cirurgia de Cérebro Dividido Também conhecida como calosotomia, em que o corpo caloso é seccionado para controlar a epilepsia que não é curada por outros meios. Esta cirurgia elimina a comunicação entre os dois hemisférios cerebrais.

Conectoma Um mapa tridimensional de todas as conexões neuronais no cérebro.

Corpo Caloso Uma faixa de fibras nervosas localizada na fissura longitudinal entre os dois hemisférios cerebrais, que permite a comunicação entre eles.

Dendritos As projeções anatômicas de entrada de um neurônio que carregam sinais elétricos iniciados pelos neurotransmissores liberados de outros neurônios para o corpo da célula.

Doença de Parkinson Distúrbio progressivo, caracterizado por dificuldades de movimento e tremores, provocado pela deterioração das células produtoras de dopamina em uma estrutura no meio do cérebro chamada substância nigra.

Dopamina Um neurotransmissor no cérebro ligado a controle motor, vício e recompensa.

Eletroencefalografia (EEG) Técnica usada para medir a atividade elétrica do cérebro, com resolução de milissegundos, pela conexão de eletrodos condutores no couro cabeludo. Cada eletrodo captura a soma de milhões de neurônios por baixo do eletrodo. Este método é usado para capturar alterações rápidas na atividade cerebral no córtex.

Estimulação Magnética Transcraniana (EMT) Uma técnica não invasiva usada para estimular ou inibir atividade cerebral usando um pulso magnético a fim de induzir pequenas correntes elétricas em tecido neural subjacente. Costuma ser usada para compreender a influência de áreas cerebrais em circuitos neurais.

Grande Cérebro As áreas do cérebro humano, incluindo córtex cerebral exterior largo e ondulado, hipocampo, gânglio basal e bulbo olfativo. O desenvolvimento desta área em mamíferos superiores contribuiu para a cognição e o comportamento mais avançados.

Hipótese Computacional da Função Cerebral Um sistema que propõe que as interações no cérebro são computações de implementação e que as mesmas computações, quando rodam em um substrato diferente, dariam também origem à mente.

Imageamento de Ressonância Magnética Funcional (fMRI) Uma técnica de neuroimageamento que detecta atividade cerebral com resolução de segundos, medindo o fluxo sanguíneo no cérebro com uma resolução de milímetros.

Neural De ou relacionado com o sistema nervoso ou os neurônios.

Neurônio Uma célula especializada encontrada nos sistemas nervosos central e periférico, inclusive cérebro, medula espinhal e células sensoriais, que se comunica com outras células usando sinais eletroquímicos.

Neurotransmissor Substância química liberada de um neurônio a outro neurônio receptor, em geral por meio de uma sinapse. São encontrados nos sistemas nervosos central e periférico, inclusive cérebro, medula espinhal e neurônios sensoriais por todo o corpo. Os neurônios podem liberar mais de um neurotransmissor.

Pacto de Ulisses Um pacto que não pode ser rompido, usado para prender alguém a um possível objetivo futuro, feito quando a pessoa entende que talvez não tenha a capacidade de tomar uma decisão racional no momento devido.

Plasticidade A capacidade do cérebro de se adaptar, criando conexões neurais novas ou modificando aquelas existentes. A capacidade do cérebro de exibir plasticidade é importante depois de uma lesão a fim de compensar quaisquer deficiências adquiridas.

Potencial de Ação Um breve evento (um milissegundo) em que a voltagem por um neurônio alcança um limiar, provocando uma reação em cadeia de propagação de troca iônica pela membrana da célula. Por fim, isto leva à liberação de neurotransmissores nos terminais do axônio. Também conhecido como pico.

Resposta Cutânea Galvânica Uma técnica que mede mudanças no sistema nervoso autônomo quando alguém experimenta algo novo, estressante ou intenso, mesmo que abaixo da consciência desperta. Na prática, o aparelho é preso à ponta do dedo e são monitoradas as propriedades elétricas da pele que mudam junto com a atividade nas glândulas sudoríparas.

Sinapse O espaço que existe normalmente entre um axônio de um neurônio e um dendrito de outro neurônio, em que a comunicação entre neurônios ocorre pela liberação de neurotransmissores. Também existem sinapses axônio–axônio e dendrito-dendrito.

Síndrome da Mão Estranha Um distúrbio resultante de um tratamento para epilepsia conhecido como calosotomia, também conhecida como cirurgia de cérebro dividido, em que o corpo caloso é cortado, desconectando os dois hemisférios do cérebro. Este distúrbio provoca movimentos unilaterais e às vezes complexos da mão, sem que o paciente sinta ter controle volicional dos movimentos.

Substituição Sensorial Uma abordagem para compensar um sentido debilitado, em que a informação sensorial é entregue ao cérebro por canais sensoriais incomuns. Por exemplo, a informação visual é convertida em vibrações na língua ou a informação auditiva é convertida em padrões de vibrações no tronco, permitindo a uma pessoa enxergar ou ouvir, respectivamente.

Transdução Sensorial Sinais do ambiente, como fótons (visão), ondas de compressão de ar (audição) ou moléculas de odor (olfato) são convertidos (transduzidos) em potenciais de ação por células especializadas. Este é o primeiro passo pelo qual as informações vindas de fora do corpo são recebidas pelo cérebro.

Impressão e Acabamento:
EDITORA JPA LTDA.